**Forschungsberichte · Band 73**

**Berichte aus dem
Institut für Werkzeugmaschinen
und Betriebswissenschaften
der Technischen Universität München**

**Herausgeber: Prof. Dr.-Ing. J. Milberg**

Ando Welling

# Effizienter Einsatz
# bildgebender Sensoren
# zur Flexibilisierung automatisierter
# Handhabungsvorgänge

Mit 66 Abbildungen

Springer-Verlag
Berlin Heidelberg New York London Paris
Tokyo Hong Kong Barcelona Budapest 1994

Dipl.-Ing. Ando Welling
Institut für Werkzeugmaschinen und Betriebswissenschaften (iwb), München

Prof. Dr.-Ing. J. Milberg
o. Professor an der Technischen Universität München
Institut für Werkzeugmaschinen und Betriebswissenschaften (iwb), München

D 91

ISBN-13:978-3-540-58053-9       e-ISBN-13:978-3-642-79040-9
DOI: 10.1007/978-3-642-79040-9



Gesamtherstellung: Hieronymus Buchreproduktions GmbH, München.
SPIN: 10471114       62/3020-543210

# Geleitwort des Herausgebers

Die Verbesserung der Fertigungsmaschinen, der Fertigungsverfahren und der Fertigungsorganisation in Hinblick auf die Steigerung der Produktivität und die Verringerung der Fertigungskosten ist eine ständige Aufgabe der Produktionstechnik. Die Situation in der Produktionstechnik ist durch abnehmende Fertigungslosgrößen und zunehmende Personalkosten sowie durch eine unzureichende Nutzung der Produktionsanlagen geprägt. Neben den Forderungen nach einer Verbesserung der Mengenleistung und der Arbeitsgenauigkeit gewinnt die Steigerung der Flexibilität von Fertigungsmaschinen und Fertigungsabläufen immer mehr an Bedeutung. In zunehmendem Maße werden Programme, Einrichtungen und Anlagen für rechnergestützte und flexibel automatisierte Produktionsabläufe entwickelt.

Ziel der Forschungsarbeiten am Institut für Werkzeugmaschinen und Betriebswissenschaften der Technischen Universität München (iwb) ist die weitere Verbesserung der Fertigungsmittel und Fertigungsverfahren im Hinblick auf eine Optimierung der Arbeitsgenauigkeit und Mengenleistung der Fertigungssysteme. Dabei stehen Fragen der anforderungsgerechten Maschinenauslegung sowie der optimalen Prozeßführung im Vordergrund. Ein weiterer Schwerpunkt ist die Entwicklung fortgeschrittener Produktionsstrukturen und die Erarbeitung von Konzepten für die Automatisierung des Auftragsdurchlaufs. Das Ziel ist eine Integration der technischen Auftragsabwicklung von der Konstruktion bis zur Montage.

Die im Rahmen dieser Buchreihe erscheinenden Bände stammen thematisch aus den Forschungsbereichen des iwb: Fertigungsverfahren, Werkzeugmaschinen, Fertigungs- und Montageautomatisierung, Betriebsplanung sowie Steuerungstechnik und Informationsverarbeitung. In ihnen werden neue Ergebnisse und Erkenntnisse aus der praxisnahen Forschung des iwb veröffentlicht. Diese Buchreihe soll dazu beitragen, den Wissenstransfer zwischen dem Hochschulbereich und dem Anwender in der Praxis zu verbessern.

*Joachim Milberg*

# Vorwort

Die vorliegende Dissertation entstand während meiner Tätigkeit als wissenschaftlicher Mitarbeiter am Institut für Werkzeugmaschinen und Betriebswissenschaften (iwb) der Technischen Universität München.

Herrn Prof. Dr.-Ing. J. Milberg, dem Leiter dieses Instituts, gilt mein besonderer Dank für die wohlwollende Förderung und Unterstützung sowie für die wertvollen Hinweise zu dieser Arbeit.

Herrn Prof. Dr.-Ing. K. Bender, dem Leiter des Lehrstuhls für Informationstechnik im Machinenwesen, danke ich für die Übernahme des Korreferates und die aufmerksame Durchsicht der Arbeit.

Darüberhinaus möchte ich mich bei allen Mitarbeiterinnen und Mitarbeitern des Instituts und allen Studenten, die mich bei der Erstellung meiner Arbeit unterstützt haben, recht herzlich bedanken.

München, Februar 94 *Ando Welling*

**Inhaltsverzeichnis**

# 1. Einführung

## 1.1. Einleitung

Die Flexibilität von Fertigungsanlagen bezüglich Stückzahlen und Produktvarianten ist ein wesentlicher Aspekt, um bei sinkenden Losgrößen und steigender Produktvielfalt konkurrenzfähig zu bleiben. Eine Schlüsselrolle beim Erreichen hoher Flexibilität spielt Sensorik, da sie eine automatische Anpassung der Fertigung an vielfältige Aufgaben ermöglicht.

Die Praxis zeigt jedoch, daß der Einsatz von Sensorik in der Fertigung weit hinter den Erwartungen zurückgeblieben ist. Als Einsatzhemmnisse wurden hohe Kosten, großer Platzbedarf, geringe Zuverlässigkeit und hohe Fehleranfälligkeit von Sensoren ermittelt [Hirz87]. Weitere Hemmnisse waren bei einigen Sensoren die zu hohe Komplexität für industrielle Anwendungen und eine hohe benötigte Rechenleistung [Rogo88, Warn90]. Auch die Integration von Sensorik in Fertigungsanlagen bedeutet häufig großen Aufwand, was aus dem Fehlen von genormten Schnittstellen zwischen sensorischen und aktorischen Komponenten resultiert [Färb88, Schr88].

Ein Teil dieser Einsatzhemmnisse ist inzwischen behoben. Die verfügbare Rechenleistung hat in den vergangenen Jahren erheblich zugenommen, so daß bereits Standardrechner für viele Anwendungen ausreichend sind und kostengünstige Lösungen ermöglichen [Grab92]. Auch die Baugröße der Sensoren ist durch weitgehende Miniaturisierung erheblich geschrumpft [Ließ90]. Bei der Normung von Schnittstellen wurden besonders im Feldbusbereich [Howa90] erhebliche Fortschritte gemacht, die meisten Sensorhersteller setzen aber noch auf ihre eigenen Entwicklungen.

Insgesamt konnte die Akzeptanz von Sensorsystemen deutlich gewinnen [Brag90, NN92a], was grundsätzlich auch den Bedarf an Sensorik belegt. Den überwiegenden Anteil haben dabei jedoch einfache Sensoren, wie Lichtschranken und Näherungsschalter [Komp88, Wend92], mit meist binärer Ausgangsinformation. Diese Sensoren werden vorzugsweise zur Überwachung von Fertigungsprozessen eingesetzt. Aufgrund des geringen Informationsgehalts, den einfache Sensoren zur Verfügung stellen, können sie nur einen geringen Beitrag zur Flexibilisierung in der Fertigung leisten.

Eine häufig auftretende Aufgabe in der Fertigung, die die Notwendigkeit intelligenter Sensorsysteme verdeutlicht, ist das flexible Handhaben von Werkstücken. Die Vielfalt der zu handhabenden Objekte, die Freiheitsgrade in Translation und Rotation und die wechselnden Einsatzbedingungen erfordern anpassungsfähige Sensorsysteme, die zwei- oder sogar dreidimensionale Positionsinformationen liefern. Ein Hinweis auf die Komplexität von Sensoranwendungen in der flexiblen Handhabungstechnik ist der in diesem Zusammenhang häufig zitierte "Griff in die Kiste". Das hierbei angestrebte Erkennen und Greifen von völlig ungeordneten Objekten wurde bis heute trotz intensiver internationaler Forschungsanstrengungen nicht umfassend gelöst [WaLi88].

Ziel muß es daher sein, die Komplexität von Sensoranwendungen in der Fertigung auf ein notwendiges Maß zu beschränken und gleichzeitig nicht beseitigte Einsatzhemmnisse speziell bei intelligenten Sensorsystemen zu verringern.

Zur Verringerung der Komplexität steht Sensoranwendungen innerhalb einer Fertigungsumgebung ein großes Informationspotential zur Verfügung [Hagg90, Rall92]. Typisch für eine Fertigungsumgebung ist beispielsweise die teilgeordnete Bereitstellung von Werkstücken in Gitterboxen oder auf Paletten [Warn90]. Dabei ist die ungefähre Lage der Werkstücke bereits bekannt. Mit Hilfe dieser Information lassen sich die zu bestimmenden Freiheitsgrade bei einer Objekterkennung einschränken. Weitere verfügbare Informationen zur Verringerung der Komplexität von Sensoranwendungen in einer Fertigungsumgebung sind das Aussehen von zu erkennenden Objekten oder die aktuelle Position eines Transportsystems.

Nicht behobene Einsatzhemmnise bei intelligenten Sensoren sind der hohe Bedarf an Rechenleistung, hohe Kosten, mangelnde Robustheit gegenüber Störungen und großer Aufwand bei der Anpassung an unterschiedliche Aufgabenstellungen. Hier können erstens effiziente Erkennungsstrategien Abhilfe schaffen, zweitens kann auch hier das Nutzen von Vorinformation, beispielsweise die automatische Bereitstellung von Erkennungsmustern, helfen.

Das Nutzen von Vorwissen bei Sensorik hat bereits Analogien in anderen Bereichen der rechnerintegrierten Fertigung (CIM). Durch Integration verschiedener Fertigungskomponenten wurde gezeigt, wie z. B. eine wiederholte Grunddatengenerierung für die NC-Programmierung vermieden werden kann und sich damit eine Steigerung von Flexibilität und Effizienz erreichen ließ [Koep91]. Der gleiche Ansatz soll auf die Sensorik übertragen werden und bildet den Schwerpunkt dieser Arbeit. Genau betrachtet werden mit der datentechnischen Integration von Sensorik in die Fertigungsumgebung zwei Problempunkte behandelt. Der eine Punkt ist die Verringerung des Aufwandes für die Anpassung des Sensorsystems an neue Erkennungsaufgaben. Der zweite betrifft die Effizienz von Erkennungsprozessen, also das schnelle Erkennen von Objekten mit geringem finanziellen und arbeitstechnischem Aufwand. Diese Effizienz steigt, je genauer dem Sensorsystem bekannt ist, welche Objekte zu erkennen sind und in welcher Perspektive sie vom Sensorsystem betrachtet werden.

## 1.2.   Problemfeld

Zur flexiblen und automatischen Durchführung von Handhabungsaufgaben in der Produktion werden flexible und gleichzeitig wirtschaftliche Sensorsysteme benötigt. Von einem flexiblen Sensorsystem für Handhabungsaufgaben wird erwartet, daß es an unterschiedlichen Einsatzorten mit unterschiedlichen Einsatzbedingungen für die Positionsbestimmung unterschiedlicher Objekte verwendet werden kann. Zusätzlich zur Flexibilität muß die Wirtschaftlichkeit des Sensorsystems gewährleistet sein. Die Wirtschaftlichkeit wird bestimmt durch die *Systemkosten*, den *Zeitbedarf* bei der Meßwerterfassung und -auswertung, die *Zuverlässigkeit* sowie die *Komplexität der Inbetriebnahme* und den *Anpassungsaufwand* bei sich ändernden Aufgabenstellungen. Ein häufig notwendiges Eingreifen des Anwenders in das Sensorsystem resultiert in Zeitverlust und Personalkosten und muß daher weitgehend vermieden werden.

| Fertigungsaufgabe | Sensorart |
|---|---|
| **Teileklassifizierung**<br>– Ober/ Unterseite<br>– Unterschiedliche Teile | Visuelle Sensorsysteme<br>2 D – Binärbildauswertung<br>2 D – Grauwertverarbeitung |
| **Greifen von Werkstücken**<br>– Entpallettieren<br>– Griff in die teilgeordnete<br>  Kiste<br>– Greifen von bewegten Teilen<br>  auf Transportsystemen | Visuelle Sensorsysteme<br><br>teilweise in Kopplung<br>mit abstandsmessenden<br>Systemen |
| **Montage**<br>– Zusammenfügen toleranz-<br>  behafteter Teile<br>– Biegeschlaffe Teile | Visuelle Sensorsysteme<br>Kraft/ Momentensensoren |
| **Oberflächeninspektion**<br>– Bearbeitungsfehler<br>– Lackierfehler<br>– Restgrate<br>– Rauhigkeit | Visuelle Sensorsysteme<br>Abstandsmessende Systeme<br>Streulichtsensoren |
| **Vollständigkeitskontrolle**<br>– Anwesenheit<br>– Zeichnungsgerechte Montage<br>– Mindestabstände | |

*Abb. 1:    Einsatz von Sensoren in der Fertigung [Rogo88]*

Für flexible Sensorsysteme zum Einsatz bei Handhabungsaufgaben in der Fertigung werden überwiegend visuelle Sensoren verwendet (vergl. Abb. 1). Die Vorteile von visuellen Sensoren gegenüber taktilen, induktiven oder kapazitiven liegen in ihrem weiten räumlichen Meßbereich und ihrer meistens hohen Auflösung und damit hohen Genauigkeit. Das berührungslose Erfassen von Umweltinformation ermöglicht eine schnelle Gewinnung zweidimensionaler Meßdaten ohne die Gefahr von Beschädigungen bei der Meßwertaufnahme. Beispiele bildgebender Sensoren sind vor allem Kameras, aber auch zunehmend Laserscannersysteme.

Verbunden mit der zweidimensionalen Wahrnehmung der Umgebung durch bildgebende Sensoren ist ein hohes Datenaufkommen, welches quadratisch mit der Auflösung des Sensors zunimmt [Knie91]. Während dieses hohe Datenaufkommen auf der einen Seite die große Flexibilität solcher Sensorsysteme ermöglicht, stehen auf der anderen Seite ein hoher Konfigurationsaufwand bezüglich der betreffenden Aufgabe sowie hohe benötigte Rechenleistung der Wirtschaftlichkeit entgegen. Ein zusätzlicher Flexibilitätsgewinn wird bei Sensoren durch Ortsbeweglichkeit ermöglicht. Bei ortsbeweglichen Sensoren steigt der Bedarf an Rechenleistung aufgrund verschiedener möglicher Betrachtungsperspektiven noch weiter an, wodurch sich wirtschaftliche Lösungen noch schwieriger realisieren lassen.

Es besteht folglich ein Zielkonflikt zwischen sensorischer Flexibilität und Wirtschaftlichkeit. Einerseits soll ein Sensorsystem für Handhabungsaufgaben flexibel bezüglich folgender Punkte sein:

- unterschiedliche zu erkennende Objekte

- unterschiedliche Einsatzorte

- Erkennung von Objekten unter verschiedenen Perspektiven

Andererseits muß auch die Wirtschaftlichkeit gewähleistet sein, die durch folgende Faktoren beeinflußt wird:

- Hohe Zuverlässigkeit der Objekterkennung und Positionsbestimmung

- Geringe Kosten des Sensorsystems verglichen mit alternativen Lösungen

- Beschränkung der Positionsvermessungszeiten auf einen Bruchteil der Handhabungszeiten

Zur Verbesserung der Einsatzmöglichkeiten intelligenter Sensoren muß daher ein Weg gefunden werden, der gleichzeitig die Verbesserung von Flexibilität und Wirtschaftlichkeit ermöglicht.

## 1.3.  Stand der Technik

Im Kapitel Problemfeld wurde dargelegt, warum sich bildgebende Sensoren besonders als Hilfsmittel zur Flexibilisierung von Handhabungsaufgaben eignen. Hier soll nun das Gebiet bildgebender Sensoren *näher* betrachtet werden, um aufzuzeigen, welche technischen Möglichkeiten zur Lösung des oben angeführten Zielkonflikts bestehen.

Zunächst wird kurz auf die Entwicklungsgeschichte und das Funktionsprinzip bildgebender Sensoren eingegangen. Zur Abschätzung der Möglichkeiten und Grenzen beim Einsatz bildgebender Sensoren werden anschließend verschiedene Anwendungen solcher Sensoren vorgestellt. Im darauffolgenden Kapitel werden

Anwendungen betrachtet, bei denen Sensoren durch Mobilität zusätzliche Flexibilität gewinnen. Das letzte Kapitel im Stand der Technik konzentriert sich auf den Stand der Integration von Sensorik, wobei der Schwerpunkt auf der Bereitstellung von Mustern zur Objekterkennung liegt.

### 1.3.1. Entwicklungsstand bildgebender Sensorsysteme

Den Anfang des Einsatzes bildgebender Sensoren stellen die Röhrenkameras Mitte der 50er Jahre dar [Zuec88]. Hiermit war es zum ersten Mal möglich, die zweidimensionale optische Information der Umgebung in elektrische Signale umzuwandeln und durch anschließende Auswertung ein Ergebnis zu bekommen, welches als Steuersignal in einen technischen Prozeß zurückgeführt werden konnte. Ein großer Entwicklungsschritt fand mit der Einführung der Mikroelektronik und der damit verbundenen Entwicklung von CCD-Kameras[1] statt. Die Vorteile der CCD-Kameras gegenüber den Röhrenkameras liegen in ihrem geringeren Gewicht, ihrer Unempfindlichkeit gegenüber Erschütterungen, in einer verbesserten Bildqualität besonders bezüglich Blooming[2] und Nachzieheffekt[3] sowie in den niedrigen Preisen.

Parallel zur Entwicklung der CCD-Kameras kamen auch die sogenannten Frame Grabber zum Einlesen und zur Speicherung der Kamerabildinformation auf den Markt. Die einfachsten Systeme beschränken sich dabei auf eine binäre Bildinformation, das Bild besteht also nur aus schwarzen und weißen Bildpunkten (Pixel[4]) ohne Zwischenabstufung durch Grauwerte. Solche Systeme werden auch heute noch eingesetzt, da sie sehr kostengünstig sind und höchste

---

[1] Charge Coupled Device; Video-Kamera, die Bilder mit Hilfe eines Matrix-Chips, bestehend aus winzigen Fotosensoren, aufnimmt

[2] Übersteuerung benachbarter Bildbereiche bei starkem punktuellen Lichteinfall

[3] Das zeitliche Verhalten eines Bildwandlers, bei dem je Bildwechsel die alte Bildinformation noch nicht vollständig abgebaut wird und so in den Bildaufbau des nachfolgenden Bildes mit eingeht

[4] Pixel: Picture Element, Bildpunkt

Verarbeitungsgeschwindigkeiten erlauben [Kefe87, Zuec88, Stein92]. Voraussetzungen sind jedoch definierte Beleuchtungsverhältnisse und ein guter Kontrast zwischen zu erkennendem Objekt und Hintergrund [Siem87, Warn90].

Inzwischen hat sich die Digitalisierung von Grauwertbildern mit 256 (8Bit) Graustufen durchgesetzt. Der Vorteil von Grauwert-Bildverarbeitungssystemen liegt darin, daß sie auch bei unterschiedlichen Reflexionseigenschaften von Objekten und Schwankungen in der Raumhelligkeit häufig sogar ohne Zusatzbeleuchtung eingesetzt werden können [Rumm88]. Allerdings entsteht schon bei einem vergleichsweise kleinen Bildformat von 256x256 Bildpunkten ein Datenvolumen von 0,1 Megabyte pro digitalisiertem Bild. Allein eine der weit verbreiteten Funktionen zur *Vorverarbeitung* dieser Datenmengen, mit dem Ziel Kanten aus dem Bild zu extrahieren, benötigt mit heute üblichen Arbeitsplatzrechnern (z. B. SUN Sparc2-Workstation) ca. zwei Sekunden (vergl. [Lans91]). Bei Bedarf sind für die Vorverarbeitung von Bilddaten allerdings Hardwarelösungen erhältlich, die häufig verwendete low-level-Funktionen, wie z.B. eine Extraktion der Kanten aus einem Grauwertbild in Videoechtzeit durchführen [Adam87, Gari90, Herr90 Sing90, Torr92]. Verarbeitung in Videoechtzeit bedeutet dabei, daß eine schritthaltende Kantenextraktion im Takt der übertragenen Videobilder (25Hz) möglich ist.

Bei Handhabungsvorgängen sollen die Rechenzeiten insgesamt nur wenige Sekunden betragen [Gari90, Siem87]. Zur Reduzierung der Rechenzeiten bestehen zwei Möglichkeiten. Entweder die Information wird in Spezialrechnern verarbeitet (Vektorrechner, Parallelrechner) [Rall92], oder die zu verarbeitenden Datenmengen müssen reduziert werden. Im Hinblick auf ein flexibles und leicht in eine Fertigung zu integrierendes System ist hier der zweite Weg sinnvoller. Diese Reduzierung der Bildinformation wird in den meisten Fällen dadurch erreicht, daß die Objektkanten durch eine Kantenfilterung aus dem Originalbild extrahiert werden [Zuec88]. Gleichzeitig besteht durch die Beschränkung auf Kanten bei der Objekterkennung eine hohe Robustheit gegenüber wechselnden Beleuchtungsverhältnissen. Auf dieser Basis lassen sich derzeit Bildverarbeitungssysteme für Erkennungs- und Handhabungsaufgaben in der Fertigung einsetzen.

Um zusätzliche Information für eine Objekterkennung zu erhalten, wird zunehmend auch die Verarbeitung von Farbinformation genutzt [Adam87,

Zuec88]. Allerdings erhöht sich der Rechenaufwand damit in der Regel. Da in der vorhandenen Fertigungsumgebung der überwiegende Anteil der zu erkennenden Objekte metallisch ist und nur geringe Farbinformation beinhaltet, wird die Verarbeitung von Farbbildern hier nicht weiter betrachtet.

### 1.3.2. Stand der Objekterkennung durch bildgebende Sensoren

Verschiedene Analysen haben ergeben, daß sich ca. 60% der Bildverarbeitungs-applikationen mit Inspektion (Abmessungen, Aussehen, Kontrolle), 25% mit Roboterführung und 15% mit Objekterkennung auseinandersetzen [Zuec88]. Kennzeichnend für Inspektionsaufgaben ist, daß wenige konkrete Merkmale unter meist günstigen Kontrastverhältnissen detektiert werden müssen (Abb. 2).

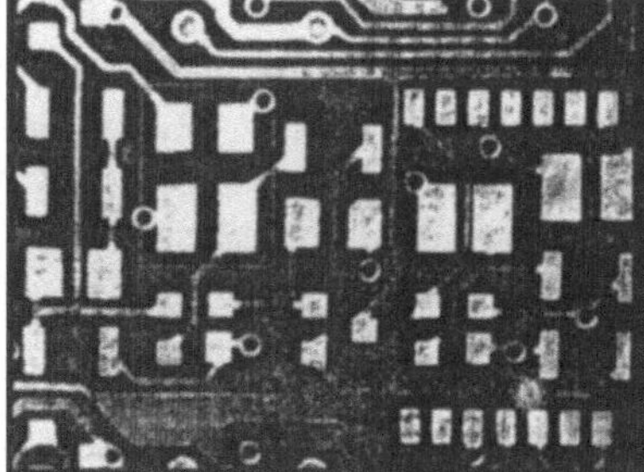

*Abb. 2:    Inspektion von LCD-Displays (links) und Leiterplatten (rechts) mit Hilfe der Bildverarbeitung [Pick91]*

Fest definierte Abstände zwischen Sensor und Objekt, spezielle Beleuchtungseinrichtungen [Malz88] und Monotonie von Prüfaufgaben sind günstige Randbedingungen für den Einsatz bildgebender Sensoren. Beispiele sind die Inspektion von Leiterplatten [Bera90], Überprüfung von Etiketten [Zuec88] oder die Inspektion von Preßteilen auf Risse [Tucz90]. Bei der Erstellung von Software für Inspektionsaufgaben werden diese Randbedingungen zur Erreichung kurzer Inspektionszeiten genutzt. Die Randbedingungen stellen für das Erkennungssystem einen eng gesetzten Suchraum mit einer geringen Anzahl variierender Parameter dar. Häufig ist der direkte Vergleich eines gespeicherten Referenzbildes mit einem aktuellen Bild durch Subtraktion der

Helligkeitswerte der korrespondierenden Bildpunkte möglich. Beim Auftreten größerer Differenzen ist ein Fehler wahrscheinlich.

Mit der zunehmenden Verbreitung von Industrierobotern dehnte sich ab Mitte der 70er Jahre die *Erforschung* des Einsatzes von bildverarbeitenden Sensorsystemen auch auf die Handhabungstechnik aus. Erst in jüngerer Zeit zeichnete sich jedoch ein allmählicher Durchbruch bei sensorgeführten Industrierobotersystemen ab [Warn90].

Verhältnismäßig einfach zu lösen waren Aufgaben, bei denen Betrachtungsabstand und Position der zu erkennenden Objekte in engen Grenzen vorgegeben sind. Hierzu zählen Vermessungsaufgaben beim Bestücken von Leiterplatten [Hods87] oder die Erkennung bereits vereinzelter Objekte auf Förderbändern [Elec84, Ersü87].

Höhere Anforderungen stellt das sogenannte Bin-Picking, also das Entladen von Gitterboxen oder Paletten mit teilgeordneten Objekten. Realisierte Anwendungen sind z.B. das Entladen von Gitterboxen mit tiefgezogenen Blechen [Moll88] oder das Entpalettieren von Motorblöcken [Hink88, Stei92].

### 1.3.3.   Ortsflexibler Einsatz von Sensoren

Eine hohe Flexibilität von Sensoren läßt sich durch Mobilität erreichen. Die Vorteile mobiler Sensoren werden besonders deutlich bei Roboteranwendungen, bei denen die Position eines zu greifenden Objektes zu bestimmen ist. Werden für die Positionsbestimmung fest installierte Kameras eingesetzt, dann deckt der Sichtbereich der Kamera nur einen bestimmten Teil des Handhabungsbereiches eines Roboters ab. Wird der Sichtbereich vergrößert, ist oft die Genauigkeit einer Positionsbestimmung nicht mehr zufriedenstellend, da die Genauigkeit mit zunehmendem Sichtfeld abnimmt. Abhilfen bieten die Installation mehrerer Kameras oder der Einsatz von Zoom-Objektiven [Gari90], diese sind jedoch kostenintensiv und lösen nicht das prinzipielle Problem des geringen Arbeitsbereiches von Einzelsensoren.

Durch die Miniaturisierung von Sensoren, insbesondere von Kameras, wurde zunehmend die Integration dieser Sensoren in den Greiferbereich von Robotern möglich. Bei Kameras, die am Robotergreifer oder -arm montiert sind, spricht man von Eye-in-Hand Systemen. Neben Kamerasystemen hat auch die Integration von taktilen Sensoren und optischen Abstandssensoren in den Robotergreifer stark zugenommen [Hirz87, Dill86]. Einerseits wurde hiermit ein sehr variabler Arbeitsbereich der Sensoren erreicht, der dem Arbeitsbereich des Roboters entspricht. Andererseits erwuchsen neben den mechanischen Integrationsproblemen im Greiferbereich vor allem Schwierigkeiten, die durch die unterschiedlichen Perspektiven der Sensoren auf die zu erkennenden Objekte entstehen. Bei einfachen Anwendungen hat die Kamera immer den gleichen Abstand und die gleiche Betrachtungsrichtung bezogen auf die zu erkennenden Objekte (Abb. 3).

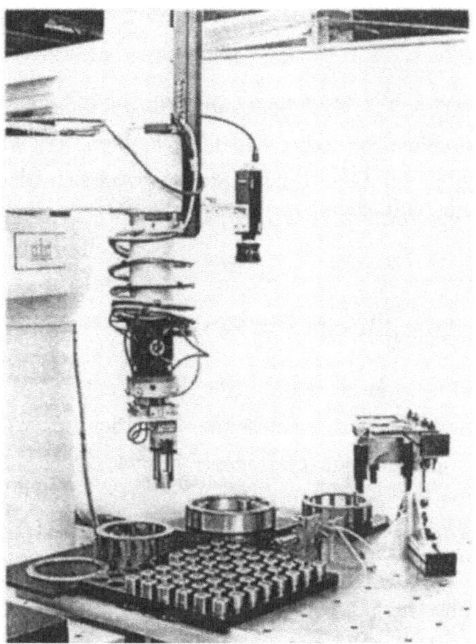

*Abb.3:    Durch Montage an den Arm eines Scara-Roboters horizontal verschiebbare Kamera zur Positionsbestimmung von Objekten [Seli92]*

Wenn die volle Flexibilität einer Eye-in-Hand Konfiguration bezüglich unterschiedlicher Betrachtungsperspektiven genutzt werden soll, wird eine Objekterkennung erheblich schwieriger. Dann müssen entweder die

Erkennungsprozesse sehr flexibel und damit meist aufwendig sein, oder der Erkennungsprozeß benötigt Information über die zu erwartende Betrachtungsperspektive.

## 1.3.4. Informationsquellen für den Erkennungsprozeß

Prinzipiell sind für ein bildverarbeitendes Sensorsystem zwei Arten von Information interessant. Dies ist erstens Information über das zu erkennende Objekt selbst, wobei für ein Sensorsystem mit Verarbeitung von Kantenbildern hauptsächlich die Geometrie entscheidend ist. Zweitens läßt sich ein Sensorsystem mit Information versorgen, die Aufschluß über die aktuelle zu erwartende Betrachtungsperspektive gibt.

Zunächst soll ein Überblick über die eingesetzten Quellen für Musterdaten gegeben werden. Die naheliegendste und einfachste Lösung ist es, innerhalb des Sensorsystems eine Musterbibliothek einzurichten, in der die zu erkennenden Muster für eine bestimmte Objektansicht abgelegt sind [Ersü87, Warn90]. Erzeugt werden diese Muster entweder durch Aufnehmen eines Referenzbildes (Teachen) von einem zu erkennenden Objekt oder durch Eintragen charakteristischer Erkennungsmerkmale (z. B. Kreis mit Durchmesser 50 mm) in eine Musterbibliothek. Der Weg über Musterbibliotheken ist sinnvoll, solange die Anzahl der zu vergleichenden Muster klein ist. Wie groß die Menge unterschiedlicher Erkennungsmuster ist, wird bestimmt durch Menge und Formvarianz der zu erkennenden Objekte und die Ansichten, die bei der Aufnahme eines Bildes durch das Sensorsystem möglich sind. In einer flexibel automatisierten Fertigung werden hier erstens schnell die Grenzen der Speicherkapazität erreicht und zweitens die Suchzeiten in der Musterbibliothek zu lang.

Für zunehmend universelle Erkennungssysteme wurde daher der Weg beschritten, CAD-Modelle der zu erkennenden Objekte als Erkennungsmuster zu verwenden [Gmür90, Gran91, Kuno90, Levi87b, Nage88, OhAs88, Pamp91]. Eine Vielzahl von Untersuchungen beschäftigt sich hierbei mit dem effizienten zur Deckung bringen (Matchen) von Objektkanten aus CAD-Modellen mit extrahierten Objektkanten aus realen Bildern. Der Ansatz Objektmodelle inklusive ihrer Reflexionseigenschaften als Erkennungsmuster zu verwenden birgt dabei erhebliche Schwierigkeiten. Nur matt reflektierende Objekte geben hier zufriedenstellende Ergebnisse. Ein weiteres Problem hierbei stellt die zugehörige Modellierung der Beleuchtungsquellen dar [Nage88, Baur89].

Einen anderen interessanten Ansatz zur Interpretation von Sensordaten bilden sogenannte Multisensorsysteme, die vorwiegend im wissenschaftlichen Bereich z. B. bei der Entwicklung intelligenter Roboter-Arbeitsstationen [Chen92] oder zur Führung autonomer Fahrzeuge eingesetzt werden [Hack90, Knie91]. In Kombination werden dabei weggebende Sensoren mit Kamera-, Radar- Ultraschall-, oder Laserscannersystemen benutzt [Fröh91]. Zusätzlich wird ein Umgebungsmodell verwendet, innerhalb dessen eine Standortsbestimmung durchgeführt werden soll. Die ungefähre Kenntnis der Position des Fahrzeugs durch Koppelnavigation, also durch das Aufaddieren der Sensorinformation weggebender Sensoren, wird dabei genutzt, um bei der Datenfusion zwischen Umgebungsmodell und Sensor eine Vorinformation über das erwartete Abbild der Umgebung zu erhalten. Durch die damit verbundene Einschränkung des Suchraums beim Herstellen der Korrespondenz zwischen Sensorbild und Umweltmodell werden Erkennungszeiten im Subsekundenbereich erreicht [Tsub88].

Defizite bei diesen Ansätzen sind die für Produktionsanlagen zu langen Erkennungszeiten [Pamp91], teilweise eine Einschränkung auf ideal ausgeleuchtete Bildszenen [Gmür88], die Beschränkung auf bestimmte Objektklassen wie z.B. prismatische Werkstücke [Koy92, Wang91], die Nutzung aufwendiger Spezialhardware [Baur89, Gari90, Hink88, Moll88] oder die hohe Komplexität von Multisensorsystemen [Hagg90].

## 1.4.  Ziel der Arbeit und Vorgehensweise

Im Stand der Technik wurden die Grundlagen, Ansätze und Möglichkeiten zum effizienten und flexiblen Einsatz bildgebender Sensoren für Handhabungsaufga- ben dargelegt. Besonders im Bereich der Bildverarbeitung sind inzwischen eine Vielzahl zufriedenstellender Applikationen entstanden. Es wurde auch erkannt, daß das Nutzen von Vorwissen einen wertvollen Beitrag zum effizienten Sensoreinsatz liefern kann.

Im Gegensatz zum allgemein hohen Integrationsgrad in der Fertigung ist die Integration intelligenter Sensoren noch nicht umfassend berücksichtigt worden. Integrationsansätze, wie die Kopplung von CAD-Systemen mit der Bildverarbeitung [Glau89, Hend87, Lübb92], zeigen vorwiegend Speziallösungen für die Ankopplung ausschließlich einer Musterquelle an die Sensorik. Es fehlen Konzepte, die eine flexible Einbindung von Musterquellen gestatten und den aktuellen Zustand bei Handhabungsvorgängen für den Erkennungsprozeß nutzen.

Über den Weg der Integration soll diese Arbeit einen Beitrag dazu liefern, die Effizienz und Flexibilität beim Einsatz von Sensorik für Handhabungsaufgaben in der Produktion zu verbessern. Dazu müssen Methoden erarbeitet werden, die die oben aufgezeigten Defizite beim Einsatz bildgebender Sensoren verringern. Folgende Teilziele sollen dabei besonders berücksichtigt werden:

- hohes Maß an Flexibilität

- geringer Bedarf an Rechenleistung

- hohe Zuverlässigkeit und Störsicherheit

- einfache Anwendbarkeit

Der Grundgedanke bei der informationstechnischen Integration von Sensorsystemen in die Produktion besteht in der Steigerung der Leistungsfähigkeit und Flexibilität durch Nutzen von Vorwissen. Ein Sensorsystems arbeitet um so effizienter, je genauer bekannt ist, welches Objekt zu erkennen ist und in welcher Perspektive es vom Sensor betrachtet wird. Die Flexibilität soll durch automatisches, situationsabhängiges Bereitstellen von Vorwissen erhöht werden. Der Aufbau eines integrierten Sensorsystems läßt sich in folgende Arbeitsgebiete untergliedern (Abb. 4).

Grundlage dieses integrierten Sensorsystems sind die *bildgebenden Sensoren*. Sie liefern die Rohdaten für Objekterkennung und Positionsbestimmung. Aufgaben, Konzeption, Arbeitsweise und Unterbringung der Sensoren im Fertigungssystem legen einen Großteil der Randbedingungen für das gesamte Sensorsystem fest.

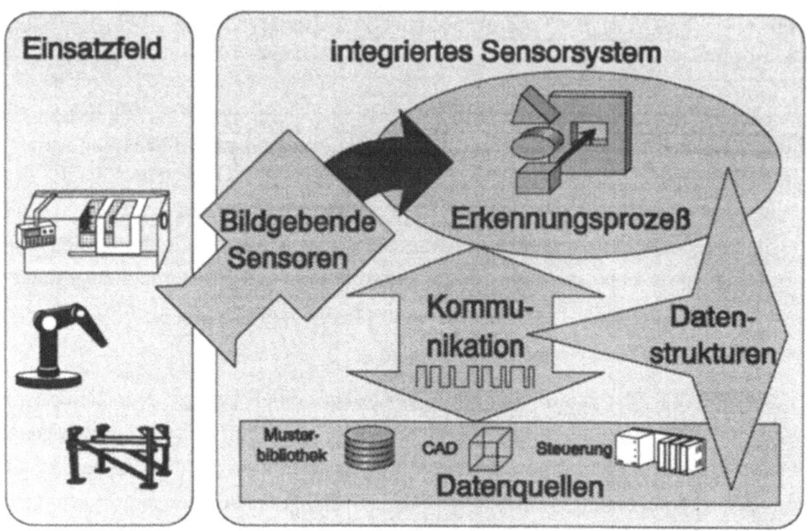


*Abb. 4:    Arbeitsschwerpunkte bei der Konzeption des Sensorsystems*

Auf den Sensorinformationen der bildgebenden Sensoren baut der *Erkennungsprozeß* auf. Die Sensorrohdaten müssen effizient verarbeitet werden und schließlich mit einem Erkennungsmuster zur Deckung kommen. Die Komplexität der Sensordatenverarbeitung hängt dabei wesentlich von der Menge der unbekannten Parameter beim Erkennungsprozeß ab. Um den Erkennungsprozeß effizient zu gestalten, ist es daher erforderlich, die Menge der Unbekannten gering zu halten. Unbekannte Größen können beispielsweise der Betrachtungsabstand zum Objekt sein sowie dessen Position und Orientierung in Bezug auf den Sensor.

In einer Fertigungsumgebung stehen eine Vielzahl von *Datenquellen* zur Verfügung. Diese können zur Reduzierung der unbekannten Parameter beim Erkennungsprozeß genutzt werden [Hagg90]. Zu diesen Informationsquellen zählen Musterbibliotheken, Aktorsteuerungen, CAD-Systeme und 3D-Simulationssysteme. Es muß geklärt werden, welche Informationsquelle welche Informationen zur Unterstützung des Erkennungsprozesses bereitstellen kann und in welcher Form die jeweilige Information repräsentiert wird.

Zum Austausch von Informationen zwischen Sensorsystem und nichtsensorischen Datenquellen ist eine *Datenkommunikation* notwendig. Dies erfordert erstens die Auswahl von geeigneter Kommunikationshardware. Zweitens wird eine Kommunikationssoftware benötigt, die entsprechend den Kriterien Datenmengen und Zeitanforderungen ausgelegt ist. Hierbei sind Randbedingungen zu berücksichtigen, die durch die Kommunikationsschnittstellen bereits gegebener Systeme festgelegt sind.

Für die drei vorangegangenen Bereiche ist gleichermaßen bedeutsam, welche *Datenstrukturen* sinnvoll eingesetzt werden können. Es steht ein weiter Bereich zur Verfügung, der von Pixelinformationen über dreidimensionale geometrische Objektbeschreibungen bis hin zu klassifizierenden Angaben wie Verhältnis von Objektumfang zu -fläche reicht. Entscheidungskriterien bilden hier die Möglichkeit der Strukturierung von Musterinformation, der Aufwand zur Umwandlung in genormte Datenstrukturen sowie der Aufwand beim Verarbeiten bestimmter Datenstrukturen.

Nach einer Betrachtung des Einsatzfeldes für das Sensorsystem im nächsten Kapitel soll das Sensorsystem den fünf aufgeführten Arbeitsschwerpunkten entsprechend konzipiert werden. Die Ergebnisse aus der Konzeptionsphase dienen anschließend dem Aufbau eines realen Sensorsystems. Anhand dieses Sensorsystems soll überprüft wird, in wie weit die Ziele Effizienz und Flexibilität durch Integration erreicht wurden.

# 2.    Einsatzfeld Fertigungsumgebung

Die Randbedingungen und Anforderungen bei der Auslegung des Sensorsystems werden wesentlich durch das Einsatzfeld geprägt. Um im Kapitel 3 das Sensorsystem entsprechend konzipieren zu können, wird im folgenden das Einsatzfeld dargestellt, welches als Testbett für das Sensorsystem dient. Es handelt sich hierbei um eine Fertigungsumgebung, deren Schwerpunkt die rechnerintegrierte Produktion kleiner Losgrößen bei hoher Flexibilität bezüglich Produkt- und Variantenvielfalt ist (Abb. 5). Die hohe Flexibilität und damit Komplexität der gewählten Testumgebung soll gewährleisten, daß sich die Erkenntnisse und Entwicklungen innerhalb dieser Arbeit auf Anlagen mit derzeit meist geringerem Flexibilitätsgrad übertragen lassen.

*Abb. 5:    Flexibles Fertigungssystem am iwb mit mobilem Roboter (links) zur Beschickung von Werkzeugmaschinen*

Die Beschreibung des Einsatzfelds läßt sich in mechanische und informationstechnische Aspekte gliedern. Die mechanischen Aspekte beinhalten das zu handhabende Teilespektrum, die Teilebereitstellung, Geräte zur Handhabung und die Handhabungsvorgänge selbst. Hieraus leiten sich beispielsweise zu berücksichtigende Störeinflüsse oder sinnvolle Größen für Erkennungszeiten ab.

Zu den informationstechnischen Aspekten gehören die informationstechnische Struktur der Fertigungsumgebung sowie Steuerungen und Rechneranwendungen, aus denen Daten für Erkennungsprozesse gewonnen werden können.

## 2.1.    Mechanische Aspekte der Fertigungsumgebung

### 2.1.1.    Werkstückspektrum

Für die Erkennung von Objekten mit visuellen Sensorsystemen ist von entscheidender Bedeutung, welches Aussehen die zu erkennenden Objekte haben. Das Spektrum der hier zu handhabenden Werkstücke umfaßt vorwiegend Roh- und Fertigteile aus Stahl oder Aluminium. Die häufig spiegelnd reflektierenden Oberflächen metallischer Objekte stellen besonders hohe Anforderungen an visuelle Sensorsysteme. Eine Übertragbarkeit der Ergebnisse auf Objekte mit matten Oberflächen wird damit automatisch erreicht.

Die Werkstückformen sind überwiegend in CAD-Systemen abgelegt (Euclid, ProEngineer, AutoCad). Es handelt sich meist um Werkstücke aus der Dreh- oder Fräsbearbeitung, so daß gerade und kreisförmige Objektkanten entstehen [Ker90]. Da sich gerade und kreisförmige Objektkanten bei den meisten technischen Produkten wiederfinden, ähneln die hiesigen Randbedingungen den Anforderumgen aus anderen Produktionsbereichen, wie beispielsweise der Elektronikindustrie. Form und Größe der Werkstücke können stark variieren.

### 2.1.2.    Palettensysteme

Ebenfalls wichtig bei der Objekterkennung ist, wie gut sich die zu erkennenden Objekte vom Hintergrund abheben und mit welchen Positionsunsicherheiten zu rechnen ist. Beides hängt davon ab, wie die zu handhabenden Objekte bereitgestellt werden.

Zur Vermeidung werkstückspezifischer und damit kostenintensiver Transportpaletten werden verbreitet universelle Palettensysteme eingesetzt [Rall92]. Das verwendete Palettensystem am iwb besteht aus einem Rahmen, auf den in variablen Abständen Schienen aufgesetzt werden können. Zugunsten einer Vereinfachung der Paletten und einer Erhöhung ihrer Transportkapazität, werden auch Paletten ohne Schienensystem erörtert. Derzeit werden die Werkstücke jeweils zwischen zwei Schienen abgelegt (Abb. 6) und sind damit für den Transport ausreichend gesichert. Die Positionen der Werkstücke sind durch die Schienen jedoch nicht hinreichend genau festgelegt, um Greifvorgänge zuverlässig durchführen zu können. Hier ist der Einsatz von Sensorik erforderlich, um die exakte Werkstückposition zu bestimmen.

*Abb. 6:    Eingesetztes universelles Palettensystem für den Werkstücktransport*

Die Ausführung des Palettensystems in feuerverzinkter Form stellt dabei für die verwendete Sensorik eine besondere Herausforderung dar, denn die entstehenden Reflexionen sind konträr zu den optimalen Bedingungen für eine visuelle Objekterkennung.

## 2.1.3.  Mobiler Roboter

Für die Beschickung von Werkzeugmaschinen werden häufig Industrieroboter eingesetzt. Eine Besonderheit der Fertigungsumgebung des iwb stellt die Beschickung von Werkzeugmaschinen durch einen mobilen Roboter dar

[Nabe90] (Abb. 7). Sein erheblich erweiterter Arbeitsraum gegenüber einem stationären Roboter erlaubt die Beschickung *mehrerer* Werkzeugmaschinen durch *ein* Handhabungsgerät. Das integrierte Sensorsystem wird für den Einsatz mit dem mobilen Roboter konzipiert und muß daher besonders hohe Anforderungen bezüglich wechselnder Umgebungsbedingungen an unterschiedlichen Einsatzorten erfüllen. Die Übertragung von Ergebnissen auf stationäre Roboter würde eine Vereinfachung der Randbedingungen bewirken und ist damit problemlos durchführbar.

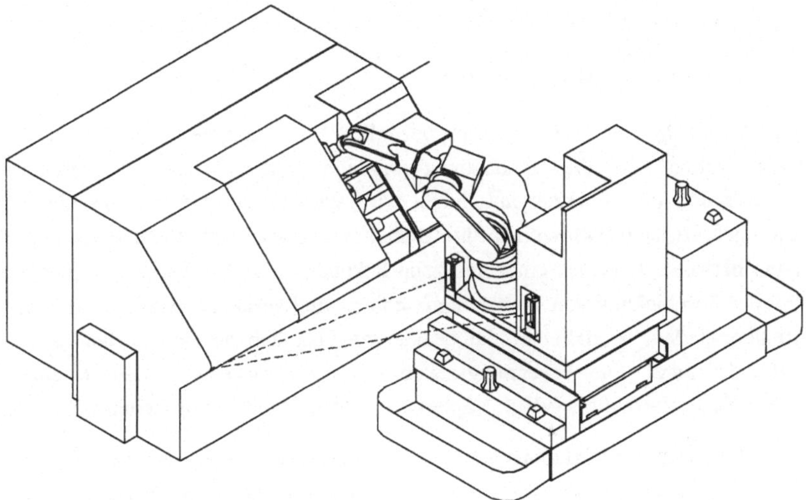

*Abb. 7:   Mobiler Roboter zur flexiblen Beschickung von Werkzeugmaschinen mit Werkstücken*

Der mobile Roboter besteht im wesentlichen aus einer Handhabungs- und einer Transportkomponente. Die Transportkomponente, ein leitdrahtgeführtes fahrerloses Transportsystem (FTS), ist für den Transport der Handhabungskomponente an ihren Einsatzort zuständig. Die Einfahrgenauigkeit beim Andocken an eine Arbeitsstation liegt im Bereich weniger Zentimeter. Diese Einfahrgenauigkeit ist für exakte Handhabungsvorgänge allerdings nicht ausreichend. Zum flexiblen Ausgleichen der Positionsungenauigkeit an beliebigen Arbeitsstationen wird Sensorik benötigt [MiWe91].

Als Handhabungskomponente dient ein sechsachsiger Industrieroboter. Experimentelle Untersuchungen sowie Herstellerangaben der Wiederholgenauigkeit bei Industrierobotern ergaben typische Werte im Zehntel-Millimeter-Bereich [Berg91, Manu85]. Die Angaben über die absoluten Positioniergenauigkeiten liegen in der Größenordnung von Millimetern bis Zentimetern [Berg91]. Dies hat Auswirkungen auf die Anbringung eines Sensorsystems. Zur Umgehung der vergleichsweise schlechten Absolutgenauigkeit ist beispielsweise der Einsatz eines Sensorsystems in Greifernähe sinnvoll.

## 2.1.4. Handhabungsvorgänge

Zur Auslegung des Sensorsystems bezüglich Erkennungszeiten und Genauigkeiten sollen kurz die Handhabungsvorgänge erörtert werden. Die flexible Beschickung der Werkzeugmaschinen wird vorwiegend mit Industrierobotern durchgeführt. Die Zykluszeiten für Handhabungsvorgänge im allgemeinen liegen typischerweise zwischen einer und zehn Sekunden [Pick87, Spur86, Rumm88]. Bei der Beschickung von Werkzeugmaschinen sind verhältnismäßig große Wege zu überwinden, so daß hier die Dauer von Handhabungszyklen eher um 10 Sekunden liegt. Die Erkennungszeiten des Sensorsystems sollten in einem vernünftigen Verhältnis (vergl. Kapitel 3.1) zu den Handhabungszeiten stehen.

Die Genauigkeitsanforderungen an die Sensorsysteme hängen vom Einsatzgebiet der Roboter ab. In der Elektronikindustrie, wo eine häufige Aufgabe das Bestücken von Leiterplatten mit elektronischen Bauteilen ist, herrschen Genauigkeitsanforderungen im zehntel Millimeterbereich vor. Gleichzeitig liegen aber auch die Positionsunsicherheiten vorwiegend bei nur einigen Millimetern.

Bei der Handhabung von Objekten mit Abmessungen von mehreren Zentimetern und Positionsunsicherheiten im Zentimeterbereich sind bei den Genauigkeitsanforderungen entsprechend größe Werte zu erwarten. Eine Analyse der Genauigkeitsanforderungen beim Einsatz von Industrierobotern in der Fertigungsumgebung am iwb ergab, daß die zulässigen Toleranzen bei der Durchführung von Handhabungsaufgaben vorwiegend über einem Millimeter liegen (Abb. 8). Für das Sensorsystem resultiert hieraus eine erforderliche Meßgenauigkeit, die besser als einen Millimeter sein soll.

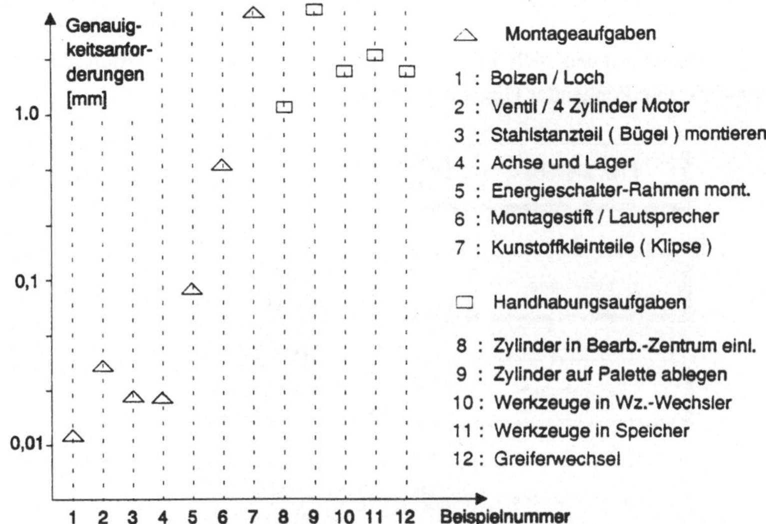


*Abb. 7: Genauigkeitsanforderungen bei Montage- und Handhabungsaufgaben innerhalb der Testumgebung [SFB91]*

Da sich die Werte für Meßbereich und erreichbare Meßgenauigkeit in der Regel zueinander proportional verhalten, lassen sich die Entwicklungen für die hier betrachtete Testumgebung auch auf Produktionsanlagen mit anderen Produktgrößen übertragen.

## 2.2. Informationstechnische Komponenten der Fertigungsumgebung

Zur Gewinnung eines Überblicks, woher ein Sensorsystem innerhalb einer Fertigungsumgebung Informationen für Erkennungsprozesse beziehen kann, soll erläutert werden, aus welchen informationstechnischen Komponenten sich eine Fertigungsumgebung aufbaut.

Von der ISO wurde eine Unterteilung der Informationsverarbeitung in der Fertigung in fünf Ebenen vorgenommen [ISO86]. In der Planungsebene werden bereichsübergreifende Planungsaufgaben durchgeführt. Hier sind Produktionsplanungssysteme (PPS), CAD-Systeme und die Arbeitsplanung und NC-Programmierung (CAP) angesiedelt. Als Informationsquelle für visuelle

Sensorsysteme eignen sich die CAD-Systeme mit der Information über die Geometrie zu erkennender Objekte. (Abb. 9)

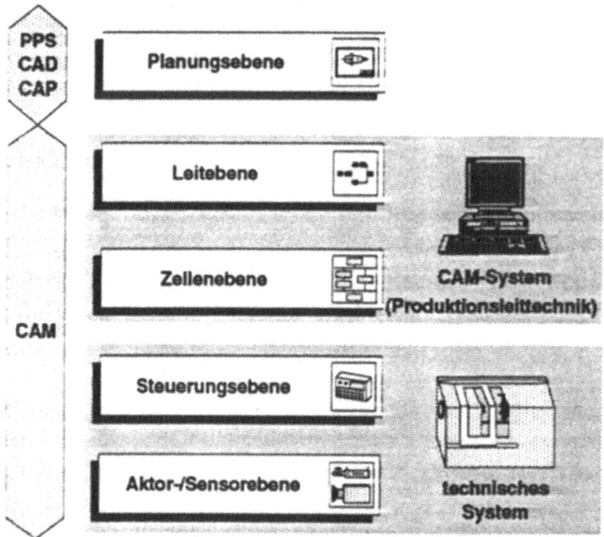


*Abb. 9:    Hierarchieebenen der Informationsverarbeitung in der Fertigung*

Der darunter befindliche CAM-Bereich dient der EDV-Unterstützung zur technischen Steuerung und Überwachung der Betriebsmittel bei der Herstellung der Objekte im Fertigungsprozeß. Die Leitebene übernimmt die Steuerung des in Fertigungszellen gegliederten Fertigungssystems. Auf Zellenebene wird die Steuerung und Überwachung der Fertigungabläufe innerhalb der Zellen durchgeführt. Die Steuerungs- und die Aktor/Sensorebene bilden schließlich den ausführenden Teil im technischen System.

Da die Trennung zwischen Steuerungs- und Aktor-/Sensorebene im folgenden nicht von Bedeutung ist und nicht immer klar vollzogen werden kann, sollen zur Vereinfachung beide Ebenen unter dem Begriff Komponentenebene zusammengefaßt werden.

Bestandteile der Komponentenebene sind beispielsweise Bearbeitungsmaschinen, Handhabungssysteme, Fördersysteme und Sensorsysteme. Als Informations-quellen eines Sensorsystems stehen damit das auftraggebende System zur

Verfügung, welches eine möglichst genaue Spezifizierung eines Auftrages an das Sensorsystem geben kann (z. B. Typ und Anzahl der zu erkennenden Objekte). Weitere Informationsquellen bilden die Steuerungen von Aktorsystemen, deren Informationsgehalt in Abschnitt 3.4.3 erläutert wird. Schließlich steht in der Fertigungsumgebung am iwb ein 3D-Simulationssystem für die Bahn- und Greifplanung zur Verfügung. Obwohl es sich hierbei um ein Planungswerkzeug handelt. kann es trotzdem der Komponentenebene zugerechnet werden, da die Greif- und Bahnplanung unmittelbar den realen Aktionen innerhalb einer Zelle vorgeschaltet ist.

## 2.2.1.   Zellenrechner

Für die Steuerung und Überwachung der Abläufe innerhalb von Fertigungszellen werden sogenannte Zellenrechner eingesetzt. Wie bereits angedeutet bildet ein Zellenrechner damit sowohl den Auftraggeber für das zu konzipierende Sensorsystem als auch für weitere Systeme der Komponentenebene.

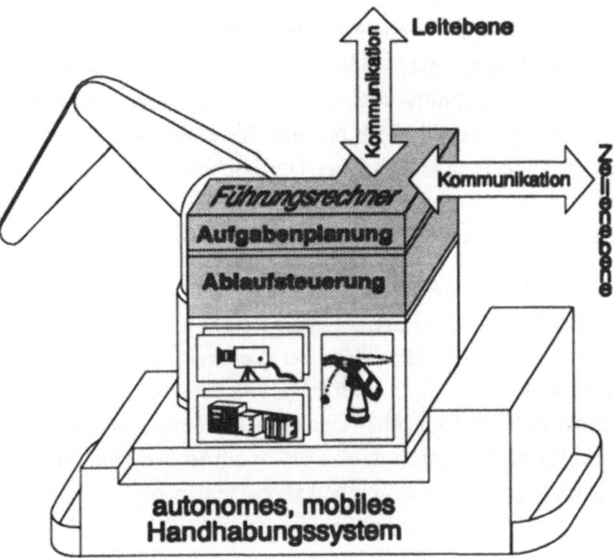


*Abb. 10:  Komponenten der Zelle "mobiler Roboter"*

Übertragen auf die Situation eines Sensorsystems für den mobilen Roboter ist der hier betrachtete Zellenrechner für die Koordination der Komponenten des mobilen Roboters zuständig. Dieser Zellenrechner ist ein Softwarepaket und wird im folgenden als Führungsrechner bezeichnet.

Er nimmt die Aufgliederung von Auftragen aus der Leitebene in Einzelaktionen vor und verteilt diese an die entsprechenden Zellenkompomenten. Gleichzeitg koordiniert er die Einzelaktionen und stellt Schnittstellen für die Kommunikation der Zellenkomponenten bereit. Von der informationstechnischen Hierarchie aus betrachtet sind unterhalb des Führungsrechners die Komponenten der Zelle "mobiler Roboter" angeordnet. Hier befinden sich das zu konzipierende Sensorsystem, die Steuerungen der aktorischen Komponenten Roboter und FTS, und ein 3D-Simulationssystem (Abb. 10). Diese Komponenten werden im folgenden vorgestellt.


## 2.2.2. Aktorsteuerungen

Steuerungen für Roboter und fahrerlose Transportsysteme werden zur Übertragung von Daten, insbesondere von Sensordaten, normalerweise mit entsprechenden Daten-Schnittstellen ausgestattet. Bei der Steuerung des hier verwendeten Roboters handelt es ich um eine Steuerung der Firma Siemens vom Typ RCM3. Die Steuerung ist mit einer DNC-Schnittstelle ausgestattet, die zur Übertragung von Roboterprogrammen, Sensordaten und Steuerungsparametern dient und damit die Kommunikation zum Sensorsystem ermöglicht.

Das derzeitig eingesetzte fahrerlose Transportsystem (FTS) ist leitdrahtgeführt. Die Fahrbefehle werden über einen im Hallenboden verlegten Leitdraht induktiv an die Steuerung des FTS gesendet. Der Leitdraht ist wiederum mit einer Kontrolleinheit verbunden, die ihre Befehle von der Zellenebene empfängt. Im Aufbau befindet sich ein flächenbewegliches FTS, dessen Steuerung über einen Ethernet-Anschluß angesprochen wird. Dies ist ein Hinweis auf die zunehmende Verwendung leistungsfähiger Kommunikationsmedien bei der Einbindung von Steuerungen in den Verbund der Fertigung.

### 2.2.3.  Simulationssystem

Für die computergestützte Bahn- und Greifplanung von Robotern gewinnen 3D-Simulationssysteme zunehmend an Bedeutung. Für die Bahn- und Greifplanung insbesondere des mobilen Roboters wird das am iwb entwickelte 3D-Simulationssystem USIS eingesetzt [Stet93]. Unter dem Aspekt der Sensorik betrachtet sind dabei die Eigenschaften besonders interessant, die der Unterstützung von Erkennungsprozessen dienen können. Hierzu zählen die exakte Modellierung der Umgebung inklusive der zu handhabenden Objekte, die Modellierung der Aktoren und ihrer Kinematik und besonders die Modellierung von Sensoren, wie dem in Abb. 11 dargestellten Laserscannersystem zur Positionsbestimmung des mobilen Roboters.

Das Simulationssystem stellt ein Modell der Realität zur Verfügung, in dem neben geometrischen Größen auch die aktuellen Sollzustände der Fertigungsumgebung, wie z.B. Stellung des Roboterarms, simuliert werden. Die Modellierung von Sensoren ist dabei eine Besonderheit, da nicht nur ihre geometrischen Daten in der Simulation vorhanden sind, sondern vielmehr die Sensorfunktionen selbst simuliert werden. Damit besteht ein Werkzeug zur Erzeugung von Musterdaten für das Sensorsystem, die den Sollzustand der Fertigung aus der Perspektive des betroffenen Sensors wiedergeben.

*Abb. 11: Simulation von Objekten, Kinematiken und Sensoren im 3D-Simulationssystem USIS*

# 3. Konzeption eines flexiblen, integrierten Sensorsystems

Zu Beginn dieses Kapitels werden die Anforderungen diskutiert, die bezüglich Flexibilität und Wirtschaftlichkeit bei der Konzeption des Sensorsystems berücksichtigt werden sollen. Die anschließende Konzeption ist in fünf Arbeitsschwerpunkte gegliedert (vergl. Kapitel 1.4). Den ersten Schwerpunkt stellen die *bildgebenden Sensoren* dar, die für die flexible Aufnahme der Sensordaten ausgelegt werden müssen. Die Verarbeitung der Sensordaten wird im zweiten Schwerpunkt, dem *Erkennungsprozeß* behandelt. Im dritten Arbeitsschwerpunkt wird geklärt, welche *Datenquellen* zur Verfügung stehen, um den Erkennungsprozeß mit Vorwissen unterstützen zu können. In den Arbeitsschwerpunkten vier und fünf wird schließlich erörtert, welche *Datenstrukturen* sich zur Kommunikation und Wissensrepräsentation eignen und über welche *Kommunikationsmechanismen* eine weitgehend universelle Aquisition von Vorwissen vorgenommen werden kann.

## 3.1. Anforderungen an das Sensorsystem

Die Erkennungsaufgaben, die ein Sensorsystem bei Handhabungsaufgaben innerhalb einer flexibel automatisierten Fertigung übernehmen muß, variieren erheblich und häufig. Ein geeignetes Sensorsystem muß daher eine hohe Flexibilität bezüglich unterschiedlicher Einsatzbedingungen und zu erkennender Objekte aufweisen. Dieser Forderung ließe sich mit entsprechend großem Aufwand nachkommen. Gleichzeitig muß aber auch die Wirtschaftlichkeit eines Sensorsystems bei der Erhöhung der Flexibilität berücksichtigt werden.

Um eine praktikable und strukturierte Vorgehensweise zu ermöglichen, sollen zunächst die Anforderungen bezüglich der Flexibilität des Sensorsystems geklärt werden. Der nächste Schritt soll aufzeigen, welche Randbedingungen durch Wirtschaftlichkeitskriterien beim Erreichen hoher Flexibilität zu berücksichtigen sind.

### 3.1.1.    Flexibilität

Flexibilität drückt die Fähigkeit automatisierter Systeme aus, sich an veränderte Arbeitsaufgaben im Rahmen definierter Grenzen anzupassen [Ples88]. Da Flexibilität stets auf bestimmte Eigenschaften bezogen ist [Mert85], muß sie für die Anforderungen an ein Sensorsystem für Handhabungsaufgaben näher bestimmt werden. Hier sollen besonders die Flexibilitätsaspekte Hardwareplattformen, Einsatzorte, Werkstückspektrum und Betrachtungsperspektive berücksichtigt werden (Abb. 12).

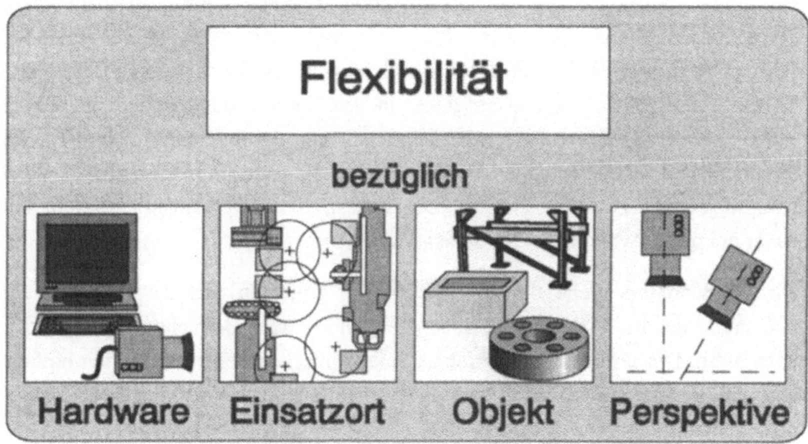


*Abb. 12:  Flexibilitätsaspekte bei der Konzeption des Sensorsystems*

Voraussetzung für die Flexibilität eines Sensorsystems ist eine geeignete Hardware. Die Hardware muß in weiten Bereichen programmierbar und an spezifische Aufgabenstellungen anpaßbar sein. Dies ist in der Regel bei bildgebenden Sensoren der Fall. Eine weitere Eigenschaft der Sensorhardware muß die einfache Integrierbarkeit in unterschiedliche Rechnersysteme sein. Dies betrifft vorwiegend die Schnittstellen der Sensoren.

Um Sensorik für Handhabungsaufgaben universell einsetzen zu können, besteht die Forderung nach Flexibilität bezüglich des Einsatzortes. Ziel ist es, die Sensorik dort verfügbar zu haben, wo Handhabungsvorgänge durchgeführt werden sollen. Dabei müssen Umrüstvorgänge allerdings vermieden werden.

Erreichen läßt sich Ortsflexibilität durch Kopplung der Sensorik mit einem Aktorsystem, was Auswirkungen auf die Sensorgestaltung hat. Die Baugröße der Sensoren muß klein im Verhältnis zum Aktor sein. Für eine hohe Ortsflexibilität ist es außerdem sinnvoll, daß auf Hilfsmittel in der Peripherie für die Sensorkomponenten verzichtet werden kann. Beleuchtungsvorrichtungen beispielsweise, die nicht in das Sensorsystem integriert sind, würden die Ortsflexibilität stark einschränken. Das gleiche gilt für künstliche Hintergründe zur Verbesserung von Kontrasten.

Die Auslegung der Software des Sensorsystems ist maßgeblich für die Flexibilität bezüglich des zu erkennenden Teilespektums. Innerhalb einer Fertigungsumgebung läßt sich die Software nach dem zu erwartenden Teilespektum ausrichten und damit gleichzeitig flexibel und effizient gestalten. Im Gegensatz zu Erkennungsaufgaben in der Natur handelt es sich innerhalb einer Fertigungsumgebung überwiegend um geometrisch einfach zu beschreibende Objekte. Sie lassen sich meist aus Geradenstücken und Kreissegmenten zusammensetzen. Die angestrebte Erkennungsflexibilität soll daher auf diese Art von Objekten ausgerichtet sein.

Die Größenunterschiede bei zu erkennenden Objekten und die Mobilität der Sensoren macht eine Flexibilität bezüglich der Betrachtungsperspektive notwendig. Die Größe des Sichtfeldes eines optischen Sensors läßt sich einfach über den Betrachtungsabstand ändern und damit an eine Objektgröße anpassen. Unterschiedliche Betrachtungswinkel erlauben eine Reaktion auf störende Reflexionen bei der Objekterkennung durch Wahl geeigneter Objektansichten.

### 3.1.2.  Wirtschaftlichkeit

Die häufig nicht gegebene Wirtschaftlichkeit ist eines der Haupteinsatzhemmnisse von Sensorsystemen [Rogo88, Schr88]. Daher ist die Flexibilität eines Sensorsystems ständig unter dem Aspekt Wirtschaftlichkeit zu betrachten. Eine monetäre Quantifizierung von Flexibilität ist dabei häufig nicht möglich [Wild87]. Um trotzdem eine Aussage darüber zu erhalten, ob ein neuer Lösungsansatz gegenüber der alten Situation sinnvoll ist, soll eine Bewertung einer der Größen Flexibilität oder Wirtschaftlichkeit unter Beibehaltung der anderen erfolgen. Läßt sich also beispielsweise die Wirtschaftlichkeit gegenüber dem derzeitigen Zustand verbessern, ohne dabei nennenswerte Abstriche bei der Flexibilität in Kauf zu nehmen, so ist der entsprechende Lösungsansatz positiv zu bewerten.

Ebenso wie Flexibilität hat Wirtschaftlichkeit eine Vielzahl von Ausprägungsformen (Abb. 13). Die Wirtschaftlichkeit eines Sensorsystems wird beeinflußt durch dessen Anschaffungskosten, die Dauer von Erkennungsprozessen, den Aufwand zur Konfigurierung und durch die Störunempfindlichkeit des Sensorsystems.

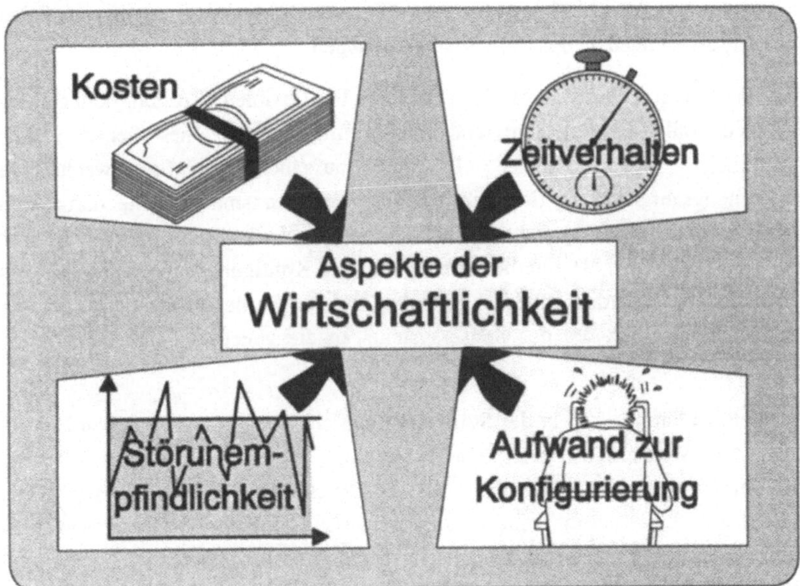


*Abb. 13: Wirtschaftlichkeitsfaktoren bei flexiblen Sensorsystemen*

Die Kosten für bildverarbeitende Systeme werden durch die Aufwendungen für Hardware und Software bestimmt. Für die Hardware gilt, daß sie um so günstiger ist, je einfacher sie aufgebaut ist und je größer die verkauften Stückzahlen sind. Für Software gelten ähnliche Marktgesetze, so daß beispielsweise eine Bildverarbeitungssoftware für eine bestimmte Hardware in der Regel teurer ist, als allgemein einsetzbare Software, die für Standardrechnersysteme entwickelt wurde.

Da die Sensorhard- und -software neben den Kosten auch erhebliche Auswirkungen auf die Leistungsfähigkeit und damit die Erkennungszeiten eines Sensorsystems hat, muß ein Kompromiß zwischen Kosten und Leistungsfähigkeit gefunden werden. Wie im Kapitel 2.2.4 erläutert wurde, sind hier Erkennungszeiten von wenigen Sekunden anzustreben [Gari90, Krot88, Siem87], um wirtschaftliche Handhabungsprozesse zu ermöglichen. Sowohl die kommerziell erhältlichen Komponenten des Sensorsystems, als auch die hier zu konzeptionierenden Methoden für eine effiziente Objekterkennung müssen daher den Anforderungen an das Zeitverhalten genügen.

Ein Wirtschaftlichkeitsfaktor, der besonders bei flexiblen Fertigungsanlagen ins Gewicht fällt, ist der Aufwand zur Konfigurierung eines Sensorsystems bezüglich unterschiedlicher Erkennungsaufgaben. Häufig wechselnde Erkennungsaufgaben in flexiblen Fertigungsanlagen sind Ursache dafür, daß entsprechende Sensorsysteme schnell an unterschiedliche Aufgaben anpaßbar sein müssen. Daher ist eine benutzerfreundliche Konfigurierbarkeit des Systems anzustreben. Außerdem muß bei geringen Änderungen der Aufgabenstellung ein selbständiges Anpassen des Sensorsystems an die gegebene Aufgabe möglich sein.

Schließlich hat der Aspekt der Störunempfindlichkeit einen wesentlichen Einfluß auf die Wirtschaftlichkeit eines Systems [Stein92]. Bei zunehmender Komplexität der Fertigungsanlagen ist ein Rückgang der Systemverfügbarkeit feststellbar. Um diesem Trend entgegenzuwirken, müssen Erkennungsverfahren sehr robust gegenüber störenden Umgebungseinflüssen wie Schmutz und Lichtreflexionen sein.

Die angeführten Wirtschaftlichkeitsaspekte müssen bei der Konzeption des Sensorsystems ebenso berücksichtigt werden, wie die Aspekte der Flexibilität. Zielkonflikte entstehen hier vor allem zwischen kurzen Erkennungszeiten und hoher Flexibilität bezüglich unterschiedlicher Objekte und Perspektiven.

## 3.2.    Bildgebende Sensoren

Zur Erfassung visueller Informationen aus dem Einsatzfeld werden geeignete Sensoren benötigt, die diese Informationen unter flexiblen Randbedingungen dem Erkennungsprozeß zur Verfügung stellen (Abb. 14). Da die Sensoren die Basis des gesamten Sensorsystems bilden, erfolgt die Darstellung ihrer Auslegung und Funktionsweise zu Beginn der Konzeption des Sensorsystems.

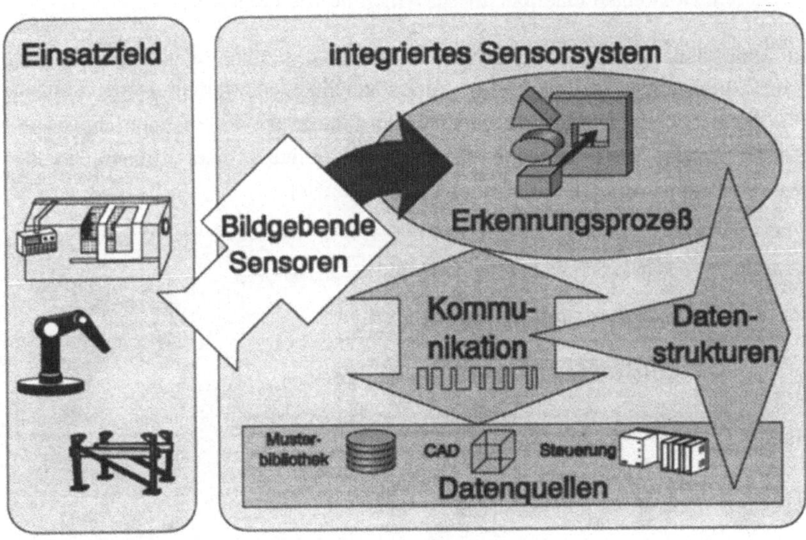


*Abb. 14:  Arbeitsschwerpunkt dieses Kapitels*

Die Auslegung der Sensoren orientiert sich großteils an den Belangen des in Abschnitt 2.1.3 vorgestellten mobilen Roboters. Der mobile Roboter stellt dabei eine besonders flexible Möglichkeit zur Beschickung von Werkzeugmaschinen dar, wobei sich die hier gewonnenen Ergebnisse problemlos auf stationäre Roboter übertragen lassen.

### 3.2.1.    Aufgaben und Anforderungen

Die Ortsbeweglichkeit des mobilen Roboters macht ein Sensorsystem erforderlich, welches zunächst die Position des mobilen Roboters bezüglich der Umgebung bestimmt, damit der Roboter im Koordinatensystem der Umgebung handhaben kann. Für die Positionsbestimmung des mobilen Roboters wurde von [Kars90] bereits ein Laserscannersystem entwickelt. Es bildet die Grundlage für Weiterentwicklungen innerhalb dieser Arbeit im Kapitel 3.2.2.

Im Anschluß an die Positionsbestimmung des mobilen Roboters muß für Greifvorgänge die Position von zu greifenden Objekten ermittelt werden können. Für diese Aufgabe werden zunehmend Sensoren in der Roboterhand eingesetzt. Dieser Ansatz wird auch in dieser Arbeit mittels einer Kamera in der Roboterhand verfolgt und in Kapitel 3.2.3 bearbeitet.

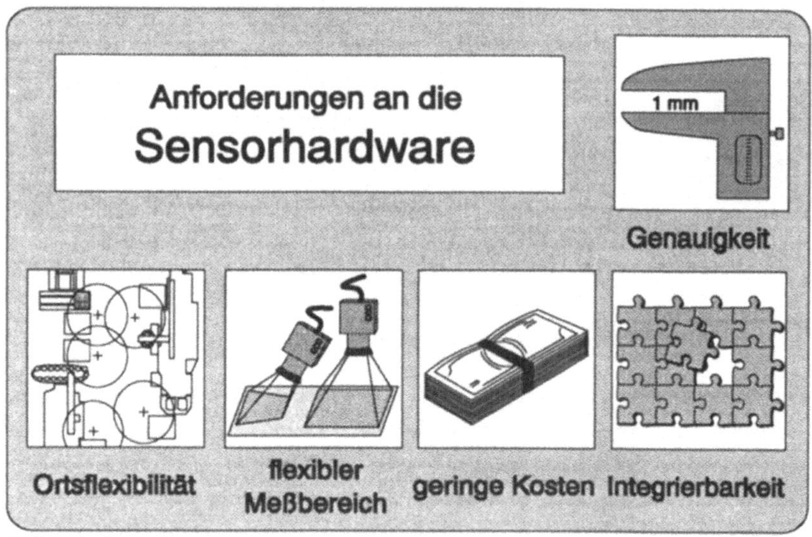


*Abb. 15: Anforderungen an die Sensorhardware*

Die in Abb. 15 dargestellten Anforderungen betreffen zunächst die Flexibilität der Sensorhardware. Hierbei geht es zum einen um die *Ortsflexibilität* der Sensorhardware, die aus der Forderung nach der Durchführbarkeit von Positionsvermessungen an unterschiedlichen Einsatzorten resultiert. Die

Sensoren sollten dementsprechend vom mobilen Roboter mitgeführt werden können und weitgehend unabhängig von der jeweiligen Umgebung zuverlässige Meßergebnisse liefern.

Zum anderen wird *Flexibilität bezüglich der Meßbereiche* benötigt. Die Meßbereiche der Sensoren müssen an unterschiedlich große Objekte und verschiedene Objektpositionen anpaßbar sein. Dabei müssen *Genauigkeitsanforderungen* für "Pick and Place"[5] Aufgaben eingehalten werden. Entsprechend einer für die Fertigungsumgebung am iwb durchgeführten Analyse liegen die notwendigen Genauigkeiten hier bei rund einem Millimeter [SFB91].

Weitere Anforderungen an die Sensoren, sind *geringe Kosten* für deren Anschaffung und ihre einfache datentechnische und mechanische *Integrierbarkeit*. Für eine problemlose und damit kostengünstige datentechnische Integration muß die Sensorhardware mit geeigneten Schnittstellen ausgestattet sein. Die mechanische Integrierbarkeit bezieht sich auf die Baugröße der Sensoren und die vorhandenen Platzverhältnisse am Integrationsort.

### 3.2.2.    Laserscannersystem

Das von [Kars90] entwickelte Laserscannersystem zur Positionsbestimmung des mobilen Roboters bezüglich der Umgebung wird im folgenden auf die Erfüllung der aufgestellten Anforderungen analysiert. Die Ergebnisse dieser Analyse bilden die Grundlage für ein Konzept, welches die Weiterentwicklung des Scannersystems zu einem flexiblen und einfach zu integrierenden Sensorssystem zum Ziel hat.

---

[5]  Mit "Pick and Place" werden in der Handhabungstechnik Vorgänge bezeichnet, die dem Greifen und Ablegen von Objekten entsprechen. Nicht eingeschlossen sind hierbei Montageaufgaben, wie das Fügen von Passungen.

### 3.2.2.1. Eigenschaften und Funktionsweise

In Bezug auf die Notwendigkeit, die Positionsbestimmung des mobilen Roboters an unterschiedlichen Orten in einer Fertigungsumgebung vorzunehmen, erfüllt das Scannersystem bereits einige der oben genannten Forderungen. Wesentliche Merkmale dieses Scannersystems sind die gute Auflösung der Meßwerte von 0,1 mm und der gleichzeitig große Meßbereich, der Meßentfernungen zwischen 400 und 2000 mm abdeckt. Als Meßresultat liefert das Scannersystem die XYZ-Koordinate von Bezugspunkten bezogen auf das Scannerkoordinatensystem. Im folgenden wird die Funktionsweise des Scannersystems dargestellt.

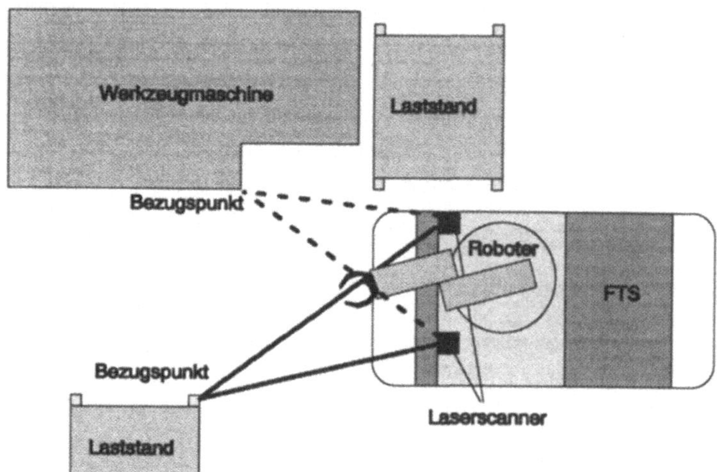


*Abb. 16: Positionsvermessung mit dem Laserscannersystem nach dem Triangulationsprinzip*

Das Laserscannersystem besteht aus zwei Laserscannern und arbeitet nach dem Triangulationsprinzip. Zur Durchführung von Positionsvermessungen nach dem Triangulationsprinzip visieren beide Scanner nach dem weiter unten beschriebenen Verfahren denselben Bezugspunkt an. Anhand des Dreiecks, welches sich dann aus den Laserstrahlen und dem Abstand der Scanner zueinander ergibt (Abb. 16), läßt sich die XYZ-Koordinate des Bezugspunktes bezogen auf das Scannersystem errechnen.

Der mobile Roboter hat bei Verfahrvorgängen in der Ebene zwei translatorische und einen rotatorischen Freiheitsgrad. Zur Positionsbestimmung des mobilen Roboters innerhalb dieser drei Freiheitsgrade müssen zwei Bezugspunkte in der Umgebung vermessen werden. Das für die Positionsbestimmung erforderliche Abscannen der zwei Bezugspunkte durch die beiden Laserscanner dauert ca. 4 Sekunden je zu vermessenden Bezugspunkt.

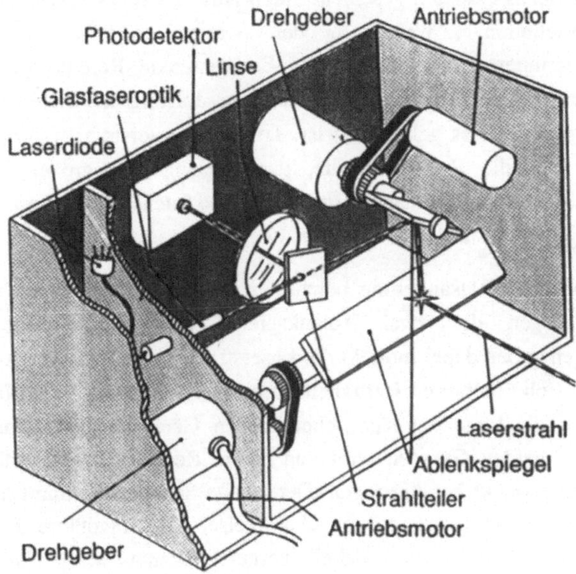


*Abb. 17: Interner Aufbau eines der beiden Laserscanner*

Im folgenden wird erläutert, wie die Scanner intern aufgebaut sind und wie mit ihnen Bezugspunkte erkannt werden. Je Scanner wird ein Laserstrahl erzeugt, der sich programmgesteuert über zwei Ablenkspiegel mit einer Auflösung von 0,04 mrad dirigieren läßt. Der Strahl gelangt durch einen Lochspiegel, der als Strahlteiler wirkt, auf zwei Ablenkspiegel, deren Drehachsen orthogonal zueinander stehenden (Abb. 17). Die Spiegel werden über lagegeregelte Gleichstrommotoren angetrieben. Mit Hilfe der Ablenkspiegel wird der Strahl programmgesteuert auf die abzuscannenden Objekte gelenkt. Ein Teil des auftreffenden Lichtes wird wieder in den Scanner reflektiert und gelangt über die Ablenkspiegel zurück auf den Lochspiegel und von dort über eine Fokussierlinse auf eine Photodiode. Die Menge des reflektierten Lichtes wird von der Photodiode gemessen und in Form einer proportionalen Spannung an eine Auswerteelektronik weitergegeben.

Durch die Laser verfügt jeder Scanner über eine eigene Beleuchtungsquelle und ist damit bei Erkennungsaufgaben nicht auf Umgebungslicht angewiesen. Die Erkennung von Bezugspunkten geschieht durch Aussenden des Laserstrahls und Messen der Lichtmenge, welche in den Scanner reflektiert wird. Das ursprüngliche Scannersystem benötigt als Bezugspunkte Referenzkreuze aus retroreflektierender Folie. Diese Folie reflektiert das auftreffende Licht bevorzugt in die Richtung, aus der es gekommen ist. Trifft der Laserstrahl während eines Scannvorgangs auf die Reflexionsfolie, dann gelangt ein großer Teil des ausgesendeten Lichtes in den Scanner zurück und die Intensität des empfangenen Lichtes steigt sprunghaft an.

Diese plötzliche Intensitätsänderung bewirkt in der Scannerelektronik, daß die aktuellen Stellungen der zwei Ablenkspiegel gespeichert werden. Die Spiegelstellungen geben dabei indirekt die Laserstrahlrichtung wieder. Auf diese Weise lassen sich mehrere Helligkeitsübergänge ermitteln, die bei den Referenzkreuzen die Lage der sich schneidenden Geraden wiedergeben. Der Schnittpunkt der beiden Geraden wird von einem Rechner ermittelt und vom Scanner als Bezugspunkt herangezogen. Der zweite Scanner bestimmt die Lage desselben Bezugspunktes auf die gleiche Weise. Die ungefähre Lage der Bezugspunkte ($\pm 50$ mm) muß dabei vorher bekannt sein, damit das Scannersystem den entsprechenden Bereich in kurzer Zeit abscannen kann.

Die Ansteuerung des Scannersystems erfolgte über ein Transputerboard mit vier Transputern[6]. Die erforderlichen Programme für das Transputerboard wurden auf einem Hostrechner erstellt und über eine Link[7] in die Arbeitsspeicher der Transputer geladen. Die Meßergebnisse ließen sich über eine serielle RS-232-Schnittstelle abfragen.

---

[6] Prozessorfamilie, die gut für eine gegenseitige Vernetzung geeignet ist, um bei parallelisierbaren Prozessen eine hohe effektive Rechenleistung zu erreichen.

[7] leistungsfähige serielle Schnittstelle zur Kommunikation zwischen Transputern

## 3.2.2.2. Analyse von Flexibilität und Integrierbarkeit

Im folgenden soll geklärt werden, inwiefern sich das ursprüngliche Laserscanner-system bereits eignet, um als flexibles visuelles Sensorsystem in die Fertigung integriert zu werden. Dazu wird das Scannersystem bezüglich der aufgestellten Anforderungen an visuelle Sensoren analysiert (Abb. 18).

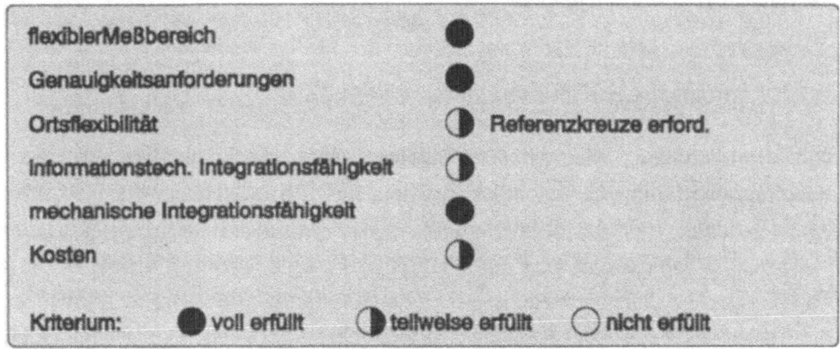


Abb. 18:  *Analyse des Scannersystems bezüglich der aufgestellten Anforderungen an visuelle Sensoren*

Die Forderung nach einem flexiblen Meßbereich wird durch die Programmier-barkeit der Laserstrahlrichtungen ebenso vollständig erfüllt, wie die Genauig-keitsanforderungen von einem Millimeter.

Etwas eingeschränkt ist die Ortsflexiblilität des Scannersystems. Es kann nur an Orten eingesetzt werden, wo die zur Positionsvermessung notwendigen Referenzkreuze angebracht wurden. Hier ist ein universelleres referenzkreuz-unabhängiges Konzept erforderlich.

Die mechanische Integrierbarkeit des Scannersystems ist bei den vorhandenen Platzverhältnissen auf dem mobilen Roboter gegeben. Die datentechnische Integrierbarkeit des Scannersystems in eine Fertigungsumgebung ist jedoch nur über eine serielle RS-232-Schnittstelle zur Übertragung von Meßergebnissen möglich. Dies stellt lediglich eine Minimallösung dar, die zur Verifizierung der Funktionsfähigkeit des Scannersystems genügt hat.

Die Materialkosten für das Laserscannersystem entsprechen mit rund 40.000,- DM zwar nicht den Vorstellungen von einem kostengünstigen

Sensorsystem, sind aber wesentlich durch Zukaufteile festgelegt, für die keine preiswerteren Alternativen bestehen.

Als Ansatzpunkte für Weiterentwicklungen ergeben sich damit die Verbesserung der Ortsflexibilität durch eine referenzmarkenunabhängige Positionvermessung und die Verbesserung der Integrationsfähigkeit durch leistungsfähigere Kommunikationsmöglichkeiten.

### 3.2.2.3. Konzept zur Erhöhung der Flexibilität

Die Verwendung von Referenzkreuzen aus Reflexionsfolie für die Positionsbestimmung des mobilen Roboters durch das Scannersystem erfordert eine Festlegung der Andockstationen und das Anbringen dieser Kreuze. Eine Vermessung anhand natürlich innerhalb einer Fertigungsumgebung vorhandener Landmarken ist daher erstrebenswert. Um das ursprüngliche Scannersystem für die Erkennung natürlicher Landmarken weitgehend verwenden zu können, sollte das Vermessungsprinzip möglichst beibehalten werden. Das Prinzip der Triangulation mit einem Referenzkreuz zur Definition eines Bezugspunktes muß daher auf natürliche Landmarken angepaßt werden.

*Abb. 19: Definition eines Bezugspunktes durch den Schnittpunkt zweier Objektkanten am Beispiel eines Laststandes*

Die Referenzkreuze definieren Bezugspunkte innerhalb der Fertigungsumgebung durch den Schnittpunkt zweier Geraden. Bei Betrachtung einer Fertigungsumgebung ist festzustellen, daß eine Vielzahl von Kanten existieren, die sich in einem realen oder virtuellen Schnittpunkt treffen (Abb. 19). Schnittpunkte, die durch zwei Kanten von stationären Objekten der Fertigungsumgebung definiert sind, eignen sich daher prinzipiell als Ersatz für die Referenzkreuze. Solche Kanten sind beispielsweise bei Werkzeugmaschinen, Lastständen, Absperrungen oder Steuerungsschränken gegeben.

Erforderlich für die Detektion von Objektkanten ist eine um den Faktor Einhundert verbesserte Lichtempfindlichkeit des Scannersystems. Das ist der Faktor, um den die Reflexionsfolie das Laserlicht besser in die Scanner reflektiert, als ein diffus reflektierender heller Gegenstand. Die Realisierung einer solchen Empfindlichkeitssteigerung ist technisch durchführbar. Die Verwendung von Lawinenphotodioden und die Modulation des ausgesendeten sowie die entsprechende Demodulation des empfangenen Laserlichtes zur Verbesserung des Signal/Rausch-Verhältnisses sind hierbei bewährte Methoden.

### 3.2.2.4.  Konzept zur Verbesserung der Integrationsfähigkeit

Die Analyse des ursprünglichen Scannersystems hat ergeben, daß die informationstechnischen Aspekte der Integrationsfähigkeit bisher nur am Rande berücksichtigt wurden und eine Integration in die Fertigungsumgebung bisher mit erheblichem Aufwand verbunden ist. Es muß daher ein Konzept entworfen werden, welches die Integrationsfähigkeit des Scannersystems verbessert.

Gute Integrationsmöglichkeiten bestehen, wenn es gelingt, eine homogene Basis für die Integration zu finden. Unter einer homogenen Basis sollen Standards verstanden werden, die sich für einen Arbeitsbereich durchgesetzt haben. Solche Standards betreffen beispielsweise Programmiersprachen, Betriebssysteme, Kommunikationsschnittstellen und Visualisierungsmethoden.

Im Bereich visueller Sensoren ist die Programmiersprache C am weitesten verbreitet. Dies ist erkennbar aus den Softwarebibliotheken, die von den Bildverarbeitungssystemhäusern angeboten werden und anhand von Beispielprogrammen in Lehrbüchern der Bildverarbeitung. Als Hardwareplattformen haben derzeit UNIX- und DOS-Rechner die größte Verbreitung. Beide Systeme verfügen über gute Visualisierungsmöglichkeiten von Meßergebnissen und erlauben über Kommunikationsnetzwerke einen einfachen Datenaustausch. Für das Laserscannersystem empfiehlt sich daher eine leistungsfähige Schnittstelle zu einem dieser Systeme. Die Auswahl, an welches Rechnersystem dabei eine Ankopplung vorgenommen werden soll, hängt von den vorhandenen Systemen der betreffenden Fertigungsumgebung ab.

### 3.2.3. Kamera in der Roboterhand

Bei der Handhabung von Objekten, deren Position nicht exakt bekannt ist, werden zunehmend Kamerasysteme für die Positionsvermessung eingesetzt. Dabei haben die sogenannten Eye-in-Hand Systeme (Abb. 20) bei Handhabungsaufgaben mit Robotern besonders im wissenschaftlichen, teilweise aber auch im industriellen Bereich eine beachtliche Verbreitung gefunden [Elec84, Fedd92, Jang91, Schr92].

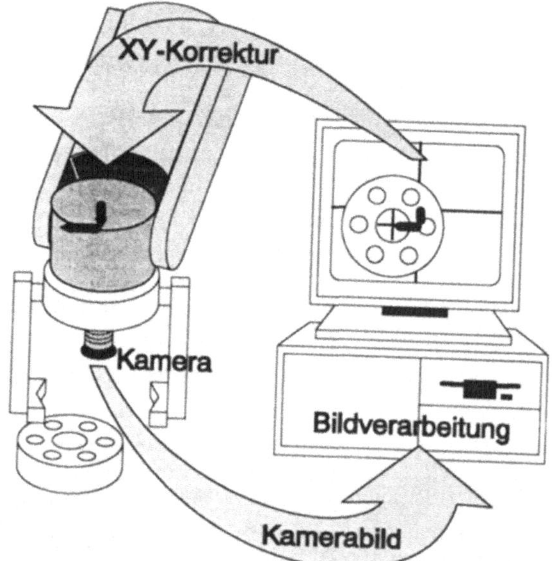


*Abb. 20: Prinzipieller Aufbau einer Eye-in-Hand Anordnung mit Rückführung eines Meßergebnisses an den Greifprozeß*

Gegenüber den derzeit noch überwiegenden stationären Kameras bieten Kameras in Roboterhand wesentlich mehr Flexibilität. Ihre Integration in den Greiferbereich eines Roboters ist dagegen mit Schwierigkeiten verbunden. In den folgenden Kapiteln werden die Probleme und Anforderungen bei der Integration eines Bildsensors in Roboterhand dargestellt und Lösungsmöglichkeiten für das Integrationsproblem erörtert.

### 3.2.3.1.  Anbringung der Kamera

Der Ort der Anbringung einer Kamera an einer Roboterhand hat bereits Auswirkungen auf Flexibilität und Wirtschaftlichkeit des Sensorsystems. Eine Kamera in der Roboterhand soll nach Möglichkeit kollisionsgeschützt angebracht sein. Gerade im Greiferbereich ist die Gefahr von Kollisionen groß. Abgesehen vom finanziellen Verlust durch eine beschädigte Kamera, ist schon das erneute Justieren der Kamera nach einer leichten Kollision mit Aufwand verbunden.

Außerdem sollte die Kamera nicht fest mit einem bestimmten Greifer verbunden sein, da so für jeden Greifer eine eigene Kamera erforderlich wäre und damit hohe Kosten verursacht würden. Vielmehr sollte ein universeller Einsatz der Kamera mit unterschiedlichen Greifertypen möglich sein.

Schließlich muß die Übertragung der Kamerabilder störungsunempfindlich sein. Elektrische oder optische Schnittstellen zur Übertragung der Kamerasignale zwischen Greifer und Greiferwechselsystem sollten vermieden werden. Abgenutzte Steckverbindungen oder verschmutzte optische Übertragungswege können schnell zu Störungen bei der Bildübertragung führen, was die Zuverlässigkeit des Systems beeinträchtigen würde. Zusammengefaßt sollen die folgenden drei Forderungen erfüllt werden:

- Kollisionsgeschützter Einbau
- Einsetzbarkeit mit beliebigen Greifern
- Störungssichere Übertragung von Kamerabildern

Der kollisionsgeschütze Einbau einer Kamera im Greiferbereich ist auch bei der Verwendung von Miniaturkameras in erster Linie ein Platzproblem. Um den Aufnahmekopf klein zu gestalten, wurden wiederholt aus Glasfasern bestehende, sogenannte flexible Endoskope den Kameras vorgeschaltet [Luo88, KWU85].

Ein flexibles Endoskop überträgt ein Bild punktweise durch eine Vielzahl geordneter Glasfasern, die Kamera kann dann in den weniger kollisionsgefährdeten und von den Platzverhältnissen günstigeren Roboterarm integriert werden. Der Vorteil des kleinen Aufnahmekopfes wird jedoch durch viele Nachteile erkauft [Well91]:

- Hohe Kosten für flexible Endoskope
- Gefahr von Faserbrüchen
- Verschlechterung der Bildqualität (Lichtausbeute, Verzerrungen, Rasterung der Bildinformation durch Glasfasern)
- Kopplung zwischen Kamera und Endoskop erforderlich

Eine Lösung des Platzproblems ohne Endoskop wird bei Inspektionsaufgaben eingesetzt, bei der der Robotergreifer für die Zeit einer Inspektionsaufgabe gegen ein Kameramodul getauscht wird. Der erforderliche Austausch von Sensor- und Greifmodul für jeden Greifvorgang wäre jedoch bei Handhabungsaufgaben aus Zeitgründen nicht vertretbar. Zusätzlich würde eine lösbare Schnittstelle zwischen Kameramodul und Greiferwechselsystem notwendig, die eine potentielle Störungsursache bildete.

Aus den obigen Betrachtungen geht hervor, daß die Integration einer Kamera in ein Greifersystem nicht sinnvoll zu verwirklichen ist. Der am nächsten am Greifer gelegene Ort zur Kameraanbringung liegt direkt vor dem Greiferwechselsystem. Dort befindet sich ein Flansch, der den Übergang von der Roboterhand zum Greiferwechselsystem bildet. Dieser Flansch ist ein einfaches Aluminiumdrehteil ohne Mechanik und erlaubt die kollisionsgeschützte Integration einer Kamera. Gleichzeitig ist die Kamera bei dieser Anbringung mit beliebigen Greifermodulen einsetzbar und das Problem einer lösbaren Datenverbindung zur Kamera wird vermieden.


### 3.2.3.2. Bildschärfe bei unterschiedlichen Betrachtungsabständen

Für den universellen Einsatz einer Kamera bei Erkennungsaufgaben ist es erforderlich, Objekte mit unterschiedlichem Abstand zur Kamera scharf abzubilden.

Hierzu ist entweder eine besonders hohe Tiefenschärfe[8] erforderlich oder das Objektiv muß automatisch auf einen bestimmten Objektabstand einstellbar sein.

Um den Tiefenschärfebereich so zu erhöhen, daß er die gewünschten Objektabstände abdeckt, muß die Blendenöffnung entsprechend klein gewählt werden. Im Gegenzug ist die Erhöhung der Belichtungszeit erforderlich, damit das Bild eine ausreichende Helligkeit aufweist. Bei statischen Bildern ist eine Erhöhung der Belichtungszeit zwar prinzipiell unkritisch, erfordert bei den meisten Kameras jedoch aufwendige Eingriffe in die Kameraelektronik. Erst seit kurzem sind Kameras auf dem Markt verfügbar, bei denen sich die Belichtungszeiten extern über Steuersignale definieren lassen. Obwohl die Abmessungen solcher Kameras noch deutlich größer sind als die, der derzeit verwendeten, so ist doch die variable Belichtungszeit auch aufgrund der wesentlich erhöhten Beleuchtungsunabhängigkeit für viele Anwendungen interessant. Zu lösen sind bei verlängerten Belichtungszeiten die Synchronisationsprobleme zwischen Framegrabber und Kamerasignal, da bei Belichtungszeiten über 20 mSek. eine Synchronisation der Kamerabilder nach der PAL-Norm nicht mehr möglich ist.

Anstelle einer verlängerten Belichtungszeit würde auch eine Zusatzbeleuchtung helfen, um mit kleinerer Blende Bilder mit ausreichender Helligkeit zu erhalten. Die Intensität einer solchen Zusatzbeleuchtung muß jedoch an die Objektentfernung angepaßt werden, damit eine Überbelichtung bei nahen und eine Unterbelichtung bei weit entfernten Objekten vermieden wird.

Eine mechanische Lösungsvariante bietet schließlich der Aufbau eines Fokussierungsmechanismus. Ähnlich der weit verbreiteten Autofokusobjektive bei Fotokameras ist bei einer CCD-Kamera die Verstellung des Objektivs über einen Elektromotor denkbar.

---

8 Die Tiefenschärfe gibt Auskunft über den Entfernungsbereich zur Kamera, der bei unveränderter Objektiveinstellung scharf abgebildet wird.

### 3.2.3.3. Bildverarbeitungshardware

Während die Anforderungen bezüglich Flexibilität und Wirtschaftlichkeit beim Laserscannersystem in der Entwicklung am iwb berücksichtigt werden konnten, stehen bei der Bildverarbeitung eine Vielzahl kommerziell erhältlicher Produkte zur Verfügung. Der hohe Stand der Entwicklung bei der Bildverarbeitungshardware erlaubt eine große Auswahl zwischen leistungsfähigen und technisch ausgereiften Komponenten. Maßgeblich für die Entscheidung sind wiederum die Kriterien Flexibilität und Wirtschaftlichkeit.

Eine hohe Flexibilität bei bildverarbeitenden Systemen ist dann gegeben, wenn es sich um ein "offenes System" handelt. Bei geschlossenen Systemen sind die Funktionen durch Hardware weitgehend vordefiniert. Offene Systeme bieten hingegen die Möglichkeit, aufbauend auf einer Reihe von Basisfunktionen, das System durch Programmierung den eigenen Bedürfnissen exakt anzupassen. [Torr92] Dabei haben offene Systeme meist einen Kostenvorteil, denn durch höhere Stückzahlen gegenüber den geschlossenen Systemen sind die Hardwarekosten verhältnismäßig niedrig [NN92b].

Da die überwiegend auf Software basierenden offenen Systeme prinzipiell langsamer sind als Hardwarelösungen, muß zur Erreichung akzeptabler Rechenzeiten genügend Prozessorleistung zur Verfügung stehen, um die notwendigen Bildverarbeitungsfunktionen zeitgerecht abzuarbeiten. Neben genügender Prozessorleistung sind die Integrationsmöglichkeiten von Bedeutung, die für das betreffende Bildverarbeitungssystem zur Verfügung stehen. Diese Integrationsmöglichkeiten sind besonders gut entwickelt bei weit verbreiteten Systemen. Hierzu gehören z. B. DOS-PC´s und UNIX-Rechner.

## 3.3.  Erkennungsprozeß

Nachdem im vorangegangenen Kapitel die Sensoren zur Bereitstellung von Sensordaten behandelt wurden, steht hier die Verarbeitung der gewonnenen Sensordaten innerhalb des Erkennungsprozesses im Mittelpunkt (Abb. 21).

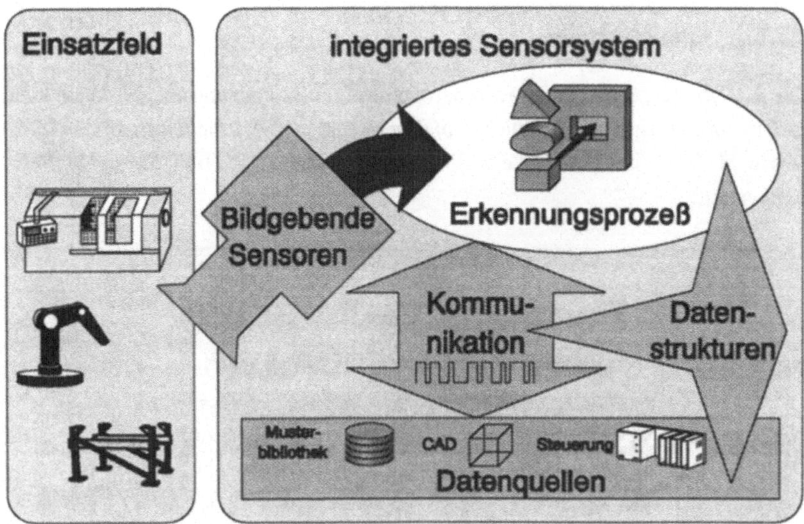


*Abb. 21: Arbeitsschwerpunkt dieses Kapitels*

Unter einem Erkennungsprozeß soll die Zuordnung neu gewonnener Sensordaten zu bekannten Objektmodellen verstanden werden. Ein Beispiel hierfür ist die Zuordnung eines im Kamerabild abgebildeten Werkstückes zu einem Modell dieses Werkstückes. Die Gestaltung von Erkennungsprozessen hat in besonderem Maße Auswirkungen auf die Flexibilität und Wirtschaftlichkeit des gesamten Sensorsystems. Flexibilität und Wirtschaftlichkeit sind dabei abhängig von der Komplexität dieser Zuordnung. Ziel dieses Kapitels ist es, für die erforderliche Flexibilität eines Erkennungsprozesses innerhalb einer Fertigungsumgebung eine möglichst einfache, gleichzeitig aber zuverlässige Zuordnungsvorschrift zu erstellen.

Im folgenden Abschnitt werden zunächst die Anforderungen an den Erkennungsprozeß konkretisiert. Anschließend werden Möglichkeiten zur Realisierung von Erkennungsprozessen dargestellt und analysiert. Auf Basis der Analyse wird schließlich ein Erkennungskonzept erarbeitet, welches den Anforderungen an Flexibilität und Wirtschaftlichkeit entsprechen soll.

### 3.3.1. Anforderungen

Die in Abb. 22 dargestellten Anforderungen an den Erkennungsprozeß teilen sich in Flexibilitätsaspekte bezüglich *Objektspektrum* und *Betrachtungsperspektiven* sowie in die Wirtschaftlichkeitsaspekte *Erkennungszeiten* und *Störunempfindlichkeit* auf.

*Abb. 22: Anforderungen an den Erkennungsprozeß*

Das Objektspektrum, welches für die Kamera in der Roboterhand relevant ist, setzt sich vorwiegend aus Werkstücken zusammen, die bei einer Dreh- oder Fräsbearbeitung entstehen. Für das Scannersystem ist die Erkennung von Referenzpunkten notwendig. Diese sind durch zwei sich schneidende Objektkanten von stationären Gegenständen der Fertigungsumgebung definiert.

Weitere Flexibilität der Erkennungsprozesse wird bezüglich unterschiedlicher Betrachtungsperspektiven benötigt. Diese Forderung ergibt sich durch die Ortsbeweglichkeit der Sensoren. Eine Benutzerinteraktion soll hierbei überflüssig sein. Der Erkennungsprozeß muß daher über Methoden verfügen, die automatisch ein schnelles Anpassen an unterschiedliche Erkennungssituationen erlauben.

Trotz einer hohen Flexibilität müssen für die Erkennungsprozesse Randbedingungen eingehalten werden, die durch die Fertigungsumgebung festgelegt sind. Ein wesentlicher Aspekt sind die Zeitanforderungen an den Erkennungsprozeß. Wie in Kapitel 2.1.4 erläutert, sollten Erkennungszeiten nur einen kleinen Prozentsatz der Handhabungszeiten betragen, damit der Zeitnachteil einer flexiblen Handhabung gegenüber einer starren Lösung gering ausfällt. Dies betrifft besonders die Kamera in der Roboterhand, da sie bei jedem Handhabungsvorgang benötgt wird. Hier werden Erkennungszeiten von weniger als drei Sekunden angestrebt. Das Laserscannersystem wird nur einmal je neu angefahrener Arbeitsstation aktiviert und muß diese hohen Zeitanforderungen daher nicht erfüllen.

Eine hohe Störunempfindlichkeit bzw. Zuverlässigkeit des Sensorsystems ist wichtig, da ein Sensorsystem die Komplexität einer Anlage erhöht. Bei zunehmender Komplexität von Fertigungsanlagen sinkt die Gesamtverfügbarkeit des Systems [Reit87]. Die Zuverlässigkeit der Einzelkomponenten muß daher besonders hoch sein, damit auch die Summe der Fehlerfälle des Gesamtsystems klein bleibt [Stei92]. Wie in Kapitel 2.1 beschrieben ist, sind in einer Fertigungsumgebung die Voraussetzungen für bildgebende Sensoren nicht ideal. Dies erfordert eine robuste Auslegung der Erkennungsprozesse gegenüber Störeinflüssen wie Schmutz, wechselnden Beleuchtungsverhältnissen und spiegelnden Reflexionen [Krot88].


## 3.3.2.    Analyse der Erkennungsaufgaben

Um flexible Erkennungsprozesse schnell und zuverlässig zu gestalten, müssen diese möglichst gut auf die Erkennungsaufgaben abgestimmt sein. Eine Analyse der Erkennungsaufgaben soll im folgenden aufzeigen, welchen Einflüssen die Erkennungsaufgabe unterliegt, welche Informationen bereits vorhanden sind und im Erkennungsprozeß genutzt werden können und welche Informationen der Erkennungsprozeß liefern muß.

Eine Erkennungsaufgabe läßt sich umso schneller und zuverlässiger lösen, je mehr über das Erscheinungsbild eines zu erkennenden Objektes bekannt ist. Das Erscheinungsbild eines Objektes wird wesentlich bestimmt durch die

Objekteigenschaften, die Objektlage und durch die Perspektive, unter der ein Sensor die Objektszene betrachtet, sowie durch die Beleuchtung und Störeinflüsse (Abb. 23).

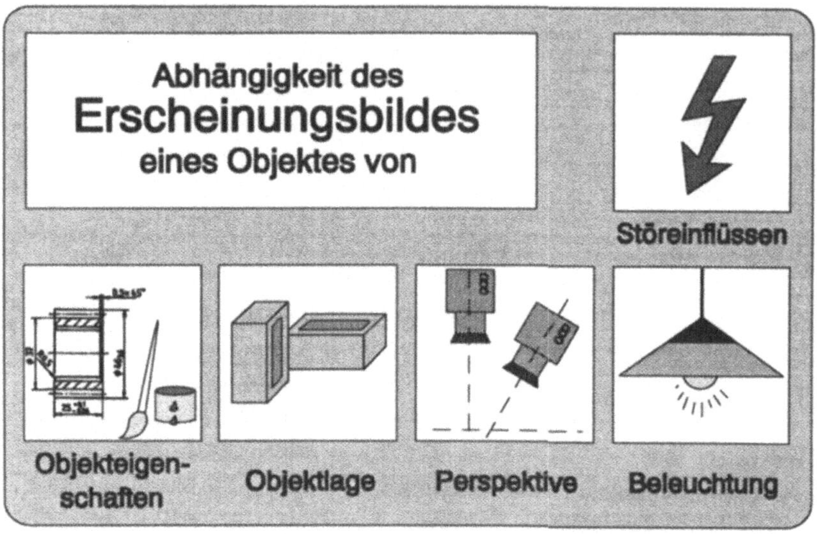


*Abb. 23: Einflußgrößen auf das Erscheinungsbild von Objekten*

Die Objekteigenschaften, die das Aussehen von Objekten bestimmen, sind die geometrischen Eigenschaften, nämlich Objektform und -größe, und die optischen Eigenschaften, wie Farbe und Reflexionsverhalten. Die geometrischen Eigenschaften von zu erkennenden Objekten sind innerhalb einer Fertigungsumgebung meistens bekannt und lassen sich häufig aus CAD-Systemen entnehmen. Die optischen Materialeigenschaften sind seltener hinterlegt aber hier auch von geringem Interesse. Farben können bei der Erkennung bunter Objekte eine große Hilfe sein [Shir87], metallische Objekte liefern jedoch meist geringe Farbinformation, so daß die Kamera in der Roboterhand hieraus kaum Nutzen ziehen kann. Laserscannersysteme können aufgrund des monochromatischen Abtastlichtes ausschließlich Grauwertinformationen liefern, so daß auch hier Farbinformation wertlos ist. Die Modellierung der Reflexionseigenschaften von Objekten verlangt gleichzeitig eine sehr exakte Modellierung der

Beleuchtungsquellen und kann eine Objekterkennung nur bei matt reflektierenden Objekten sinnvoll unterstützen [Baur89]. Für die hier betrachteten Erkennungsaufgaben ergeben sich aus der Kenntnis von Reflexionseigenschaften keine nennenswerten Vorteile.

Die Lage von Objekten hat Auswirkungen darauf, welche Objektseite von einem Sensor wahrgenommen werden kann und beeinflußt die Perspektive, unter der ein Sensor ein Objekt sieht. Je genauer die Lage eines Objektes in der Fertigungsumgebung bekannt ist, desto stärker läßt sich der Suchraum für den Sensor bei einer Objekterkennung einschränken [Shir84]. Prinzipiell hat ein Objekt im dreidimensionalen Raum sechs Freiheitsgrade, die sich in drei translatorische und drei rotatorische Freiheitsgrade aufteilen. In der Praxis ist eine Objektposition nicht in allen Freiheitsgraden unbekannt [Warn90]. Dadurch, daß es sich bei den hier zu handhabenden Objekten nicht um Schüttgut handelt und sich die Objekte auf bekannten, ebenen Oberflächen befinden, reduziert sich die Anzahl der zu berücksichtigenden Freiheitsgrade auf drei. Die Positionsunsicherheit von Objekten beschränkt sich damit in der Regel auf translatorische Verschiebungen innerhalb einer Auflageebene und eine Rotationslage um eine Achse orthogonal zur Auflagefläche.

Ein weiterer Einfluß auf das Erscheinungsbild von Objekten ist die Betrachtungsperspektive eines Sensors auf eine Szene. Sie wird durch die aktuelle Stellung des Sensors und dessen Abbildungsgeometrie bestimmt. Die Abbildungsgeometrie ist bei den meisten Sensoren fix, eine Ausnahme bilden nur z.B. Kameras mit Zoomobjektiv [Gari90]. Die aktuelle Stellung eines Sensors ist dagegen bei den hier betrachteten mobilen Sensoren situationsabhängig. Die Mobilität der Sensoren wird dabei über aktorische Komponenten verwirklicht, denen eine Steuerung zugrunde liegt. Die aktuelle Stellung eines mobilen Sensors innerhalb einer Fertigungsumgebung läßt sich aus der geometrischen Zuordnung von Aktor und Sensor und dem Zustand der Steuerung ermitteln.

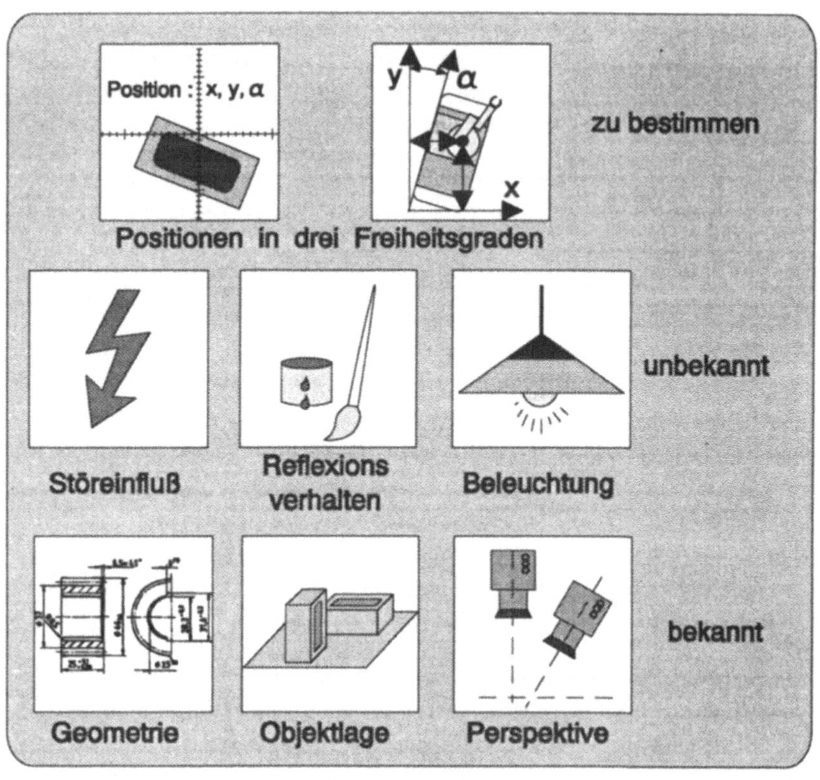


*Abb. 24: Bekannte und unbekannte Größen bei den betrachteten*
*Erkennungsaufgaben*

Wie in Abb. 24 zusammenfassend dargestellt ist, sind bei den hier betrachteten Erkennungsaufgaben die translatorische XY-Position innerhalb einer Auflage-ebene und die Rotationslage um eine Achse orthogonal zur Auflagefläche unbekannt und durch den Erkennungsprozeß zu ermitteln. Unbekannt sind außerdem Störeinflüsse, die Reflexionseigenschaften von Objektoberflächen und die Beleuchtungsverhältnisse. Erkennungsaufgaben müssen unabhängig davon gelöst werden. Die übrigen beim Erkennungsvorgang nützlichen Informationen sind innerhalb der Fertigungsumgebung vorhanden und müssen damit nicht zwangsläufig durch rechenzeitintensive Sensorsoftware ermittelt werden. Vielmehr gilt es die Informationsquellen ausfindig zu machen und in den

Sensorprozeß zu integrieren, aus denen sich diese Informationen gewinnen lassen (s. Kapitel 3.4 Datenquellen).

### 3.3.3. Konzeption von Verfahren zur Realisierung von Erkennungsaufgaben

Im vorangegangenen Kapitel wurde erarbeitet, welche Größen bei einer Objekterkennung unbekannt sind und ermittelt werden müssen, und welche bereits bekannten Größen für eine effiziente Objekterkennung genutzt werden können. Nun sollen Verfahren ausgewählt beziehungsweise entwickelt werden, die unter den gegebenen Umständen Erkennungs- und Positionsvermessungsaufgaben effizient lösen.

Erster Schritt bei Erkennungsprozessen bildet eine Sensordatenvorverarbeitung, um eine Datenreduktion und damit kurze Erkennungszeiten zu erreichen. Anschließend wird der eigentliche Erkennungsprozeß behandelt, der unter Berücksichtigung des Objektspektrums mit hoher Zuverlässigkeit arbeiten soll. Schließlich müssen unterschiedliche Perspektiven bei der Objekterkennung berücksichtigt werden und eine Positionsbestimmung an die Erkennung angeschlossen werden.

### 3.3.3.1. Sensordatenvorverarbeitung

Für die hier betrachteten Erkennungsaufgaben müssen Sensordaten mit vorhandenen Mustermerkmalen zur Deckung gebracht werden. Die Art der Sensordaten, die durch das Laserscannersystem und das Kamerasystem geliefert werden, ist dabei ähnlich. Wie bei den meisten bildgebenden Sensoren handelt es sich um Intensitätsbilder, wobei jedem vom Sensor erfaßten Bildelement eine Helligkeitsinformation und ein Koordinatenpunkt im Koordinatensystem des Sensors zugeordnet ist. Daher lassen sich die Sensordaten beider Sensorsysteme mit ähnlichen Verfahren auswerten.

Mit der Aufnahme von Sensorinformation entsteht ein hohes Datenaufkommen auf Bildpunktebene. Systeme, die mit diesen unveränderten Daten im Sekundenbereich Erkennungsvorgänge durchführen können, sind auf

Spezialhardware aufgebaut und arbeiten nach dem Prinzip der Grauwert-Kreuzkorrelation [Cogn87, Moll88].

Um weniger auf Spezialhardware angewiesen zu sein, führen viele Bildverarbeitungssysteme eine Bildvorverarbeitung durch mit dem Ziel, besonders aussagekräftige Bildbereiche herauszufiltern und eine Datenreduktion zu erreichen [Torr92]. Typische Vorverarbeitungsfunktionen sind das digitale Filtern von Bildern, um Störeinflüsse zu reduzieren oder Helligkeitsunterschiede hervorzuheben. An die Bildvorverarbeitung schließt sich meist eine Segmentierung der Sensordaten an [Habe85]. Es wird unterschieden zwischen Flächen- und Kantensegmentierung (Abb. 25). Die Flächensegmentierung ist gut geeignet für Bilder mit definierten Beleuchtungsverhältnissen und matten Objektoberflächen und läßt sich dann mit geringem Rechenaufwand realisieren. Wie aus der Analyse der Erkennungsaufgabe hervorgeht, ist das Zusammenspiel von Beleuchtungsverhältnissen und Reflexionseigenschaften von Objektober-flächen innerhalb der Fertigungsumgebung schwer vorhersagbar.

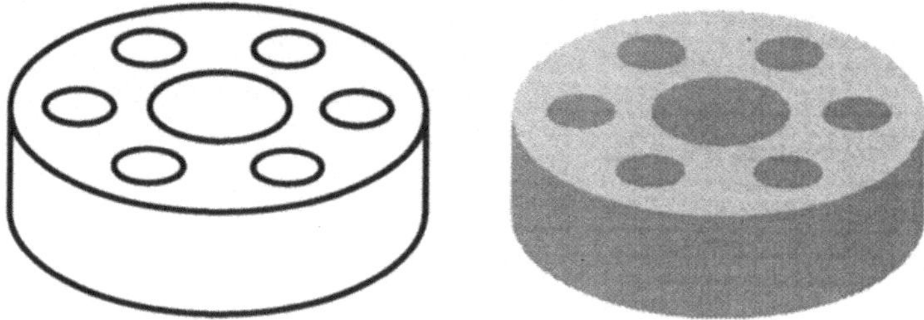

*Abb. 25: Ideale Kantensegmentierung (links) bzw. Flächensegmetierung (rechts) eines Werkstückes*

Die Abbildung von Objektkanten erweist sich dagegen als relativ unempfindlich gegenüber wechselnden Beleuchtungsverhältnissen und metallisch reflektie-renden Objektoberflächen. Gleichzeitig liegen Informationen über Objektkanten häufig in CAD-Modellen vor. Daraus ergibt sich, daß für die gestellte Aufgabe eine Kantensegmentierung vorteilhaft ist. Auch kombinierte Verfahren aus Kanten- und Flächensegmentierung lassen sich einsetzen [Levi91], sollen hier aber aufgrund ihrer relativ hohen Komplexität nicht berücksichtigt werden.

Eine Kantensegmentierung basiert auf dem Differenzieren der Bildpunkthellig-keit nach dem Ort. Für diese Aufgabe stehen eine Vielzahl von Kantenoperatoren zur Verfügung, wie z. B. der Sobel-, Laplace- oder Derichefilter [Lans91], die die Differenzierung softwaretechnisch lösen. Eine Hardwarelösung zur Differenzierung der Bildpunkthelligkeit wird beim Laserscanner eingesetzt und bietet den Vorteil einer hohen Verarbeitungsgeschwindigkeit. Bei den steigenden Rechenleistungen erreichen aber auch Softwarelösungen inzwischen akzeptable Filterungszeiten.

Die Kantenfilterung ist also eine geeignete Methode zur Extraktion erkennungsrelevanter Information bei veränderlichen Beleuchtungsverhältnissen und schwer vorhersagbarem Reflexionsverhalten von Objektoberflächen. Durch Binarisierung der differenzierten Sensorinformation läßt sich anschließend eine erhebliche Datenreduktion erreichen. Dabei werden alle Intensitätswerte von Bildpunkten oberhalb eines gewählten Schwellwertes auf Eins gesetzt, die übrigen Intensitätswerte bekommen den Wert Null. Diese Datenreduktion ist sinnvoll, da die Intensität einer Kante, also die Höhe des Kontrasts zwischen zwei benachbarten Bildbereichen, für eine Objekterkennung unerheblich ist. Trotz der erheblichen Datenreduktion ist eine ausschließlich softwarebasierte Positionsbestimmung von Objekten in Translation und Rotation auf Basis dieser binarisierten Bildpunktinformation noch sehr rechenintensiv.

Eine Weiterverarbeitung der Bildpunktinformation zu wenigen, dafür aber aussagekräftigeren Erkennungsmerkmalen stellt eine häufig gewählte Methode dar, um den erforderlichen Erkennungsaufwand zu reduzieren. Eine solche Weiterverarbeitung besteht darin, gefundene Kanten zu klassifizieren, indem z.B. Länge, Krümmung oder die Richtung der detektierten Kanten ermittelt werden [Knie91]. Geraden werden beispielsweise über zwei Punkte oder über die Hessesche Normalform beschrieben, Kreise über ihren Mittelpunkt und Radius. Je komplizierter die Erkennungsmerkmale sind, desto aufwendiger und fehleranfälliger wird diese Weiterverarbeitung. Bereits beim Auffinden und Parameterisieren von Ellipsen, Ecken oder T-Verbindungen, Rechtecken oder Polygonen nimmt die Anzahl der Beschreibungsparameter gegenüber Geraden und Kreisen zu. Die Bildinformationen müssen von sehr hoher Qualität sein, um fehlerhafte Parameterbestimmungen ohne Vorwissen gering zu halten. Diese hohe Qualität ist bei den gestellten Erkennungsaufgaben selten gegeben.

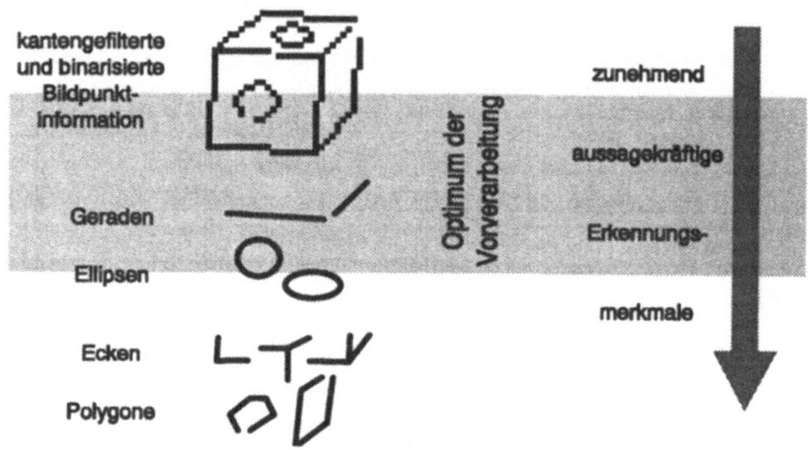


*Abb. 26: Optimum der Sensordatenvorverarbeitung für die betrachtete Erkennungsaufgabe*

Eine Sensordatenvorverarbeitung ist folglich bis zur Binarisierung der kantengefilterten Sensorrohdaten erforderlich und kann eine Weiterverarbeitung der Bildpunktinformation zu Geraden und Kreisen beinhalten (Abb. 26). Die Entscheidung darüber, ob die Interpretation der Sensordaten auf Bildpunktinformation oder eher auf geometrischen Informationen beruhen soll, wird durch die Methode der Zuordnung von Muster- und Sensorinformation beeinflußt. Solche Zuordnungsmethoden werden im folgenden Kapitel untersucht.

## 3.3.3.2. Zuordnung von Muster- und Sensorinformation

Für die Objekterkennung ist im Anschluß an die Sensordatenvorverarbeitung die Zuordnung zwischen Sensorinformation und Musterinformation aus Musterbibliotheken oder CAD-Systemen (vergl. Kapitel 3.4 Datenquellen) erforderlich (Abb. 27). Das Zuordnungsverfahren muß dabei *flexibel, effizient* und *robust* sein. *Flexibilität* wird dabei erstens bezüglich der zu erkennenden Objekte und zweitens gegenüber unterschiedlichen Betrachtungsperspektiven verlangt. *Effizienz* soll hier bedeuten, daß Erkennungszeiten je Handhabungsvorgang von weniger als drei Sekunden angestrebt werden. Ein *robuster* Erkennungsprozeß zeichnet sich dadurch aus, daß weder eine falsche Zuordnung zwischen Sensor- und Musterinformation stattfindet, noch daß ein gesuchtes, vorhandenes Objekt nicht erkannt wird.

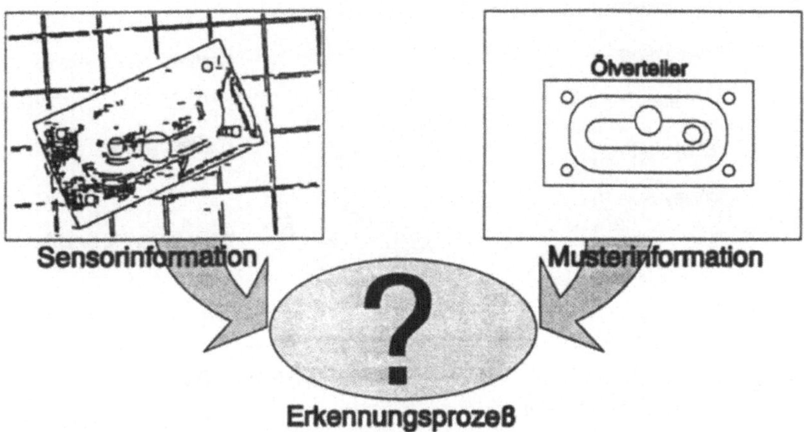


*Abb. 27:  Erkennungsprozeß für die effiziente Zuordnung zwischen*
*vorverarbeiteter Sensorinformation und Musterinformation*

Um ein geeignetes Erkennungsverfahren für die gestellte Aufgabe zu finden, sollen bekannte Verfahren auf ihre Anwendbarkeit im betrachteten Fall untersucht werden. Damit im folgenden nicht alle der zahlreichen bekannten Verfahren zur Objekterkennung betrachtet werden müssen, ist zunächst eine Abschätzung hilfreich, auf welchem Abstraktionsgrad die Zuordnung von Muster- und Sensorinformation stattfinden sollte [Shar90, Sheu90].

Ein niedriger Abstraktionsgrad der Sensordaten ist bei der Zuordnung von Musterbildpunkten zu Sensorbildpunkten gegeben. Merkmale eines hohen Abstraktionsgrades sind beispielsweise Flächenangaben oder Kennzahlen, die das Verhältnis von Länge zu Breite eines Objektes wiedergeben. (Abb. 28)

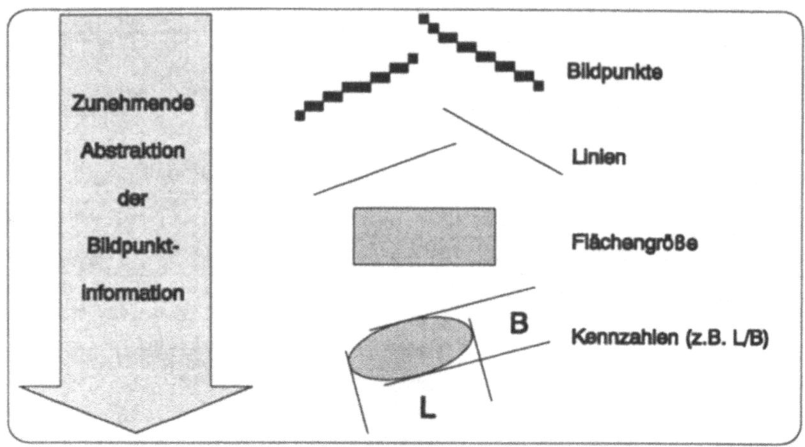


*Abb. 28: Abstraktionsgrad bei der Zuordnung von Muster- und
Sensorinformation*

Der Vorteil von Erkennungsverfahren mit einem hohen Abstraktionsgrad liegt in
deren Flexibilität und der Einfachheit bei der Zuordnung von Muster- und
Sensorinformation. Die Zuordnung beschränkt sich auf den Vergleich weniger
Kennwerte. Nachteilig ist oft die aufwendige und teilweise unsichere
Bestimmung dieser Kennwerte aus Merkmalen von niedrigem Abstraktionsgrad.

Bei Erkennungsverfahren auf niedrigem Abstraktionsniveau ist eine
Umwandlung von Merkmalen in abstraktere Merkmale nicht oder nur
geringfügig nötig und vergleichsweise einfach realisierbar. Da bei wenigen
Umwandlungen entsprechend wenige Fehler auftreten können, bieten diese
Verfahren eine hohe Zuverlässigkeit. Dafür ist die Anzahl der zu vergleichenden
Merkmale hoch und erfordert großen Rechenaufwand.

Die Möglichkeit der Transformation von Sensordaten in höhere Abstraktions-
grade hängt von der Güte der Sensordaten ab. Gestörte Sensordaten erschweren
die Umwandlung in höherwertige Erkennungsmerkmale erheblich, da z. B.
Aussagen über zusammenhängende Konturen oder über Flächenelemente keine
sichere Grundlage haben. Da innerhalb der Fertigungsumgebung Störungen
durch wechselnde Beleuchtungsverhältnisse, spiegelnde Reflexionen oder
Schmutz auftreten, lassen sich viele Methoden zur Abstraktion der
Pixelinformation, wie z. B. eine Konturverfolgung nicht zuverlässig einsetzen.

Verfahren zur Konturverfolgung sind störungsanfällig bei unterbrochenen Kanten, Verzweigungen und parallelen Linien [Habe85]. Lediglich eine einfache Abstraktion der Pixelinformation in Geometrieelemente wie Geraden, Kreise oder Ecken kann z. B. mit Hilfe von Vektorisierungsroutinen sinnvoll durchgeführt werden. Es zeigt sich also, daß bei den gegebenen Randbedingungen ein zuverlässiger Erkennungsprozeß auf der Ebene von Bildpunkten oder einfachen geometrischen Elementen stattfinden muß.

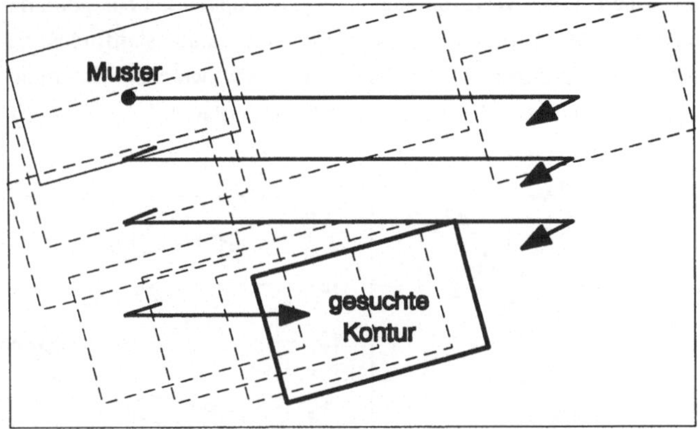


*Abb. 29:  Vorgehen bei der Kreuzkorrelation*

Ein verbreitetes Verfahren der Zuordnung von Muster- und Sensorinformation auf Bildpunktebene ist die Kreuzkorrelation (Abb. 29). Hierbei wird ein Muster über das Sensorbild geschoben und an jeder Stelle der Korrespondenzgrad zum gesuchten Objekt ermittelt. Der Korrespondenzgrad ist dort am höchsten, wo sich die Objektkontur im Sensorbild am besten mit dem Suchmuster überdeckt.

Obwohl sich dieses Verfahren hier durch die Sensordatenvorverarbeitung (vergl. Kapitel 3.3.3.1) bereits auf Objektkanten beschränkt und damit auf die Korrelation aller Bildpunkte eines Objektes verzichtet wird, ist der Rechenaufwand bereits beträchtlich. Sobald das Objekt in verschiedenen Rotationslagen im Sensorbild liegen kann und dementsprechend die Korrelation für verschiedenen Drehlagen durchgeführt werden muß, ist eine Objekterkennung im Sekundenbereich nur noch mit Spezialhardware möglich.

Soll das Korrelationsverfahren für die Objekterkennung eingesetzt werden, muß daher der Suchraum auf 2-Dimensionen eingeschränkt werden. Eine Einschränkung des Suchraums auf zwei Dimensionen ist bei Suchmustern möglich, die sich in einer Dimension invariant verhalten. Dies ist bei Geraden und Kreisen der Fall. Geraden verhalten sich bezüglich Translationen entlang ihrer Achse invariant, Kreise bezüglich Rotationen um ihren Mittelpunkt. Es empfiehlt sich daher, das Suchmuster in solche einfachen Musterelemente zu zerteilen. Sobald eine Korrespondenz für ein Musterelement gefunden wurde, kann von hier aus eine weitere Reduktion des Suchraums stattfinden, da aus dem Suchmuster die Information bekannt ist, in welcher Relation weitere Musterelemente zur ersten Korrespondenz liegen müssen.

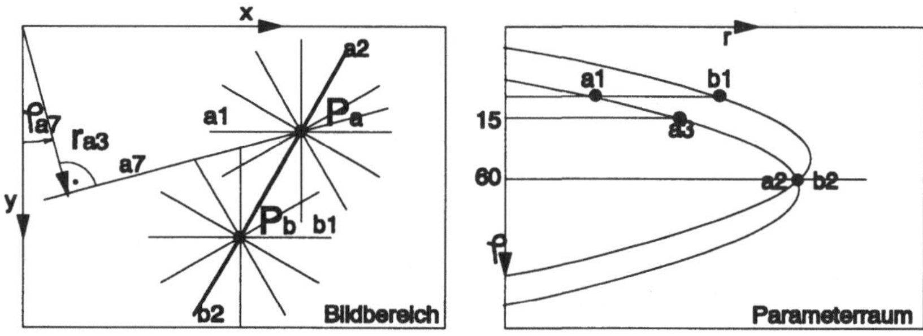


*Abb. 30: Prinzip der Hough-Transformation*

Ein Ansatz auf etwas abstrakterem Niveau läßt sich verfolgen, indem zunächst das Kamerabild global auf interessante Merkmale untersucht wird. Hierzu wird häufig die Hough-Transformation [Habe85, Voss92, Wahl87] eingesetzt. Bei der ursprünglichen Hough-Transformation ist das Ziel Bildpunkte zu finden, die einer gemeinsamen Geradengleichung gehorchen. Wie in Abb. 30 verdeutlicht, wird dazu durch jeden Punkt P ein Geradenbüschel gelegt. Ein Geradenbüschel im Bildbereich entspricht im Parameterraum (r, φ), dem sogenannten Hough-Raum, der Halbwelle einer Sinuskurve. Die Gerade, die durch beide Punkte (Pa und Pb) verläuft, läßt sich im Houghraum (rechts) durch den Schittpunkt der Sinushalbwellen auffinden (a2, b2). Wird dieses Verfahren auf viele Punkte P angewendet, die auf einer Geraden liegen, dann ergibt sich im Parameterraum eine Schar von Sinushalbwellen, die sich in einem Punkt schneiden und damit das Vorhandensein einer Geraden anzeigen. Verallgemeinert ist die Hough-Transformation eine Methode zur Extraktion mathematisch einfach zu beschreibender Muster [Riss91] und läßt sich beispielsweise auch zum Finden von Kreisen einsetzen [Shir87]. Im Anschluß an die Hough-Transformation kann nun eine Zuordnung von Mustermerkmalen und gefundenen Merkmalen im Sensorbild durchgeführt werden.

Eigene Experimente mit beiden Verfahren zeigten, daß bei geschickter Implementierung sowohl die Hough-Transformation als auch der Vergleich von Mustern auf Bildpunktebene ähnlich leistungsfähig sind. Ein Vorteil des Vergleichs auf Bildpunktebene zeigt sich allerdings, wenn Muster gefunden werden müssen, die sich nicht durch wenige Parameter beschreiben lassen. In diesem Fall ist die Korrelation auf Bildpunktebene universeller einsetzbar.

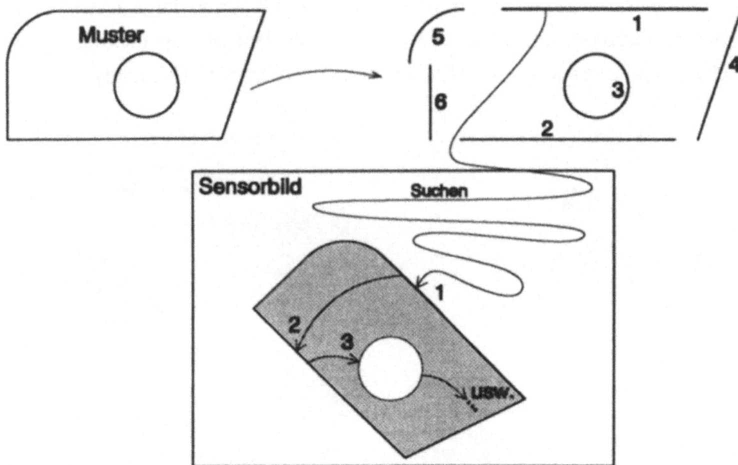


*Abb. 31: Konzept einer effizienten Zuordnung von Musterinformation zu einem gesuchtem Objekt im Sensorbild*

Resultat der bisherigen Betrachtungen ist, daß unabhängig vom verwendeten Zuordnungsverfahren zwischen Muster und Bildinformation eine Zuordnungs-strategie sinnvoll ist, bei der das Suchmuster in einfache Erkennungsmerkmale zerlegt wird und auf Basis gefundener Korrespondenzen der Suchraum für weitere Erkennungsmerkmale desselben Objekts stark eingeschränkt wird (Abb. 31).

Hiermit steht ein Konzept für das flexible und effiziente Erkennen von Objekten bereit, die sich durch Geraden- und Kreissegmente beschreiben lassen.

### 3.3.3.3. Berücksichtigung unterschiedlicher Sensorperspektiven

Nachdem für die Objekterkennung ein flexibles Konzept bezüglich unterschiedlicher Werkstückformen entwickelt wurde, soll in einem weiteren Schritt die Flexibilität bezüglich unterschiedlicher Betrachtungsperspektiven erörtert werden. Das oben konzipierte Zuordnungsverfahren beruht prinzipiell darauf, ein gesuchtes Muster exakt mit Merkmalen im Kamerabild zur Deckung zu bringen. Bei veränderlichen Betrachtungsperspektiven ergeben sich jedoch unterschiedliche Erscheinungsbilder der zu suchenden Objekte im Sensorbild. Zum einen ändert sich die Abbildungsgröße von Objekten im Kamerabild mit dem Betrachungsabstand, zum anderen werden Erkennungsmerkmale durch unterschiedliche Betrachtungswinkel perspektivisch verzerrt (Abb. 32).

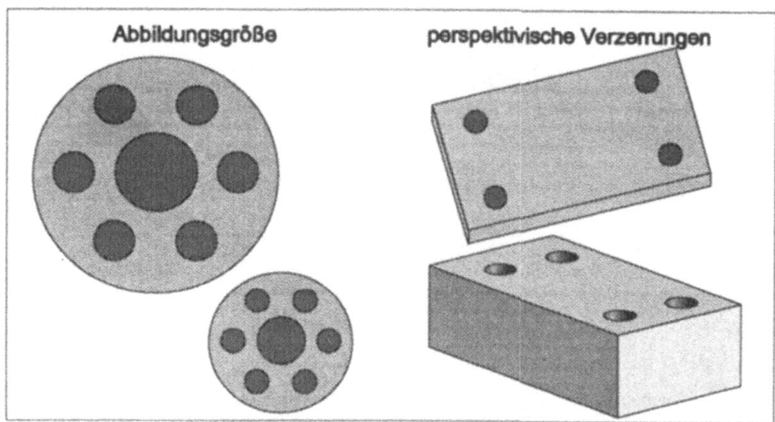


*Abb. 32: Einfluß unterschiedlicher Betrachtungsstandpunkte auf die Abbildung von Objekten am Beispiel von Werkstücken*

Im folgenden soll ein Verfahren entwickelt werden, welches durch Nutzen der Kenntnis über die Perspektive der Sensoren eine Objekterkennung mit dem oben konzipierten Zuordnungsverfahren auch bei unterschiedlichen Perspektiven gestattet.

Um das obige Zuordnungsverfahren einsetzen zu können, müssen Muster und reales Bild der gleichen Perspektive entsprechen. Dies kann sowohl durch Anpassen des Musters an die aktuelle Perspektive geschehen (Abb. 33 rechts) als auch durch Transformation des Sensorbildes entsprechend einer normierten Ansicht (Abb. 33 links). Eine Kombination aus entzerrtem Sensorbild und skaliertem Muster ist ebenfalls möglich. Mit der Ausnahme verzerrter prismatischer Muster ist eine Zuordnung zwischen Muster und Sensorbild sowohl bei rotationssymmetrischen als auch bei prismatischen Objekten durchführbar. Für die Zuordnung eines verzerrten prismatischen Musters im Sensorbild müßte zuvor die rotatorische Lage des Objekts im Sensorbild bekannt sein, da sonst die Winkelbeziehungen zwischen Geradenstücken nicht vorhersagbar sind.

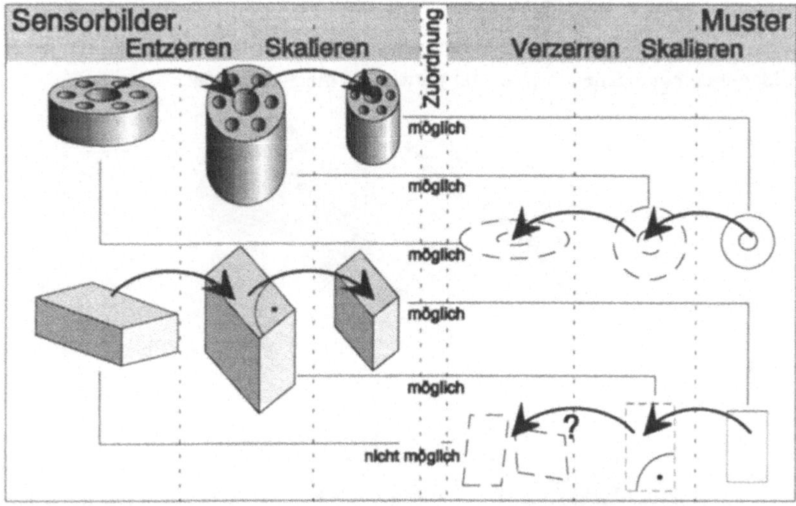


*Abb. 33: Möglichkeiten, um Erkennungsmuster und Erkennungsmerkmale im Sensorbild auf identische Form und Größe zu transformieren*

Das Anpassen des Musters an die Betrachtungsperspektive ist gut geeignet, solange die perspektivische Ansicht eines zu erkennenden Objektes gut vorhersagbar ist. Eine gute Vorhersagbarkeit der zu erwartenden Ansichten ist beim Laserscannersystem gegeben, da die betrachteten Objekte verglichen mit ihren Gesamtabmessungen nur geringfügig gegenüber einer Sollposition im Sensorbild verschoben sein können (vgl. Kapitel 3.2.2.1).

Bei der Kamera in der Roboterhand ist die zu erwartende Ansicht einer zu erkennenden Objektoberfläche nur dann gut vorhersagbar, wenn die Kamera senkrecht auf die Ebene blickt, innerhalb der das Objekt verschoben werden kann. Hiermit lassen sich bereits alle Aufgaben mit senkrechter Betrachtungsweise auch bei unterschiedlichen Betrachtungsabständen lösen.

Nicht sinnvoll lösbar durch Anpassen des Suchmusters sind Erkennungsaufgaben, bei denen das zu findende Objekt in einer Ebene zu suchen ist, die nicht orthogonal zur optischen Achse der Kamera liegt. Dies hat zwei Gründe. Erstens handelt es sich bei einem "schrägen" Betrachtungswinkel nicht um eine winkeltreue Abbildung der betrachteten Ebene auf den Kamerachip, wodurch beispielsweise rechte Winkel abhängig von ihrer Lage im Bild in spitze oder stumpfe Winkel verzerrt werden können. Zweitens werden Objekte in unterschiedlichen Bildbereichen unterschiedlich groß abgebildet, was für jeden Bildbereich ein eigenes Suchmuster notwendig machen würde.

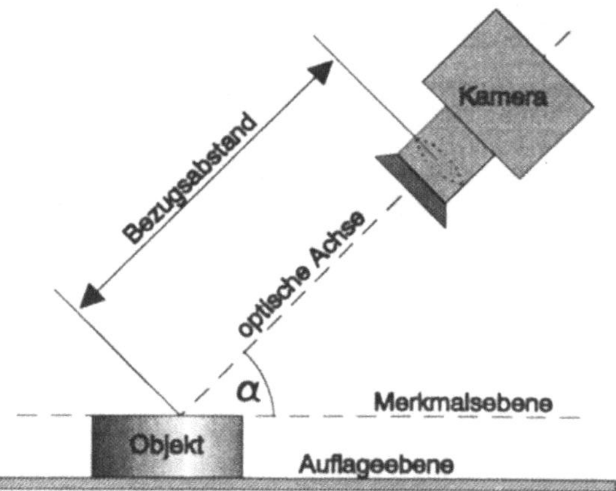


*Abb. 34: Betrachtung der Merkmalsebene unter einer nicht orthogonalen Perspektive*

An dieser Stelle wird das Transformieren des Sensorbildes interessant. Hierfür wird der Winkel zwischen der optischen Achse der Kamera und der Merkmalsebene (Abb. 34) benötigt. Die Ebene, in der die zu erkennenden Objekte verschoben werden können, muß dabei parallel zur Merkmalsebene liegen. Dann ist es möglich, die perspektivischen Verzerrungen bezüglich der betrachteten Ebene zurückzurechnen. Merkmale, die in dieser Ebene liegen, erscheinen im zurücktransformierten Bild damit genau so, als würden sie senkrecht von oben unter dem Bezugsabstand betrachtet. Damit sind die Merkmale mit dem im vorigen Kapitel konzipierten Zuordnungsverfahren erkennbar. Berücksichtigt werden muß bei der Rücktransformation, daß der Fluchtpunkt für die betrachtete Ebene außerhalb des Bildes liegt, da er eine Singularität darstellt und nicht zurücktransformiert werden kann.

Eine sinnvolles Lösungskonzept besteht damit zunächst darin, ein Suchmuster für eine bestimmte Perspektive zu erzeugen oder anzupassen. Für die Kamera in der Roboterhand kann als weiterer Schritt eine Rücktransformation des Kamerabildes notwendig sein, falls die Objekte nicht in einer Ebene zu suchen sind, die senkrecht zur optischen Achse der Kamera liegt.

## 3.4.  Datenquellen

Im vorangegangenen Kapitel wurde dargestellt, daß für einen effizienten Erkennungsprozeß möglichst präzises Vorwissen über das Erscheinungsbild des zu erkennenden Objektes notwendig ist. Dieses Vorwissen soll aus Datenquellen dem Erkennungsprozeß zur Verfügung gestellt werden (Abb. 35).

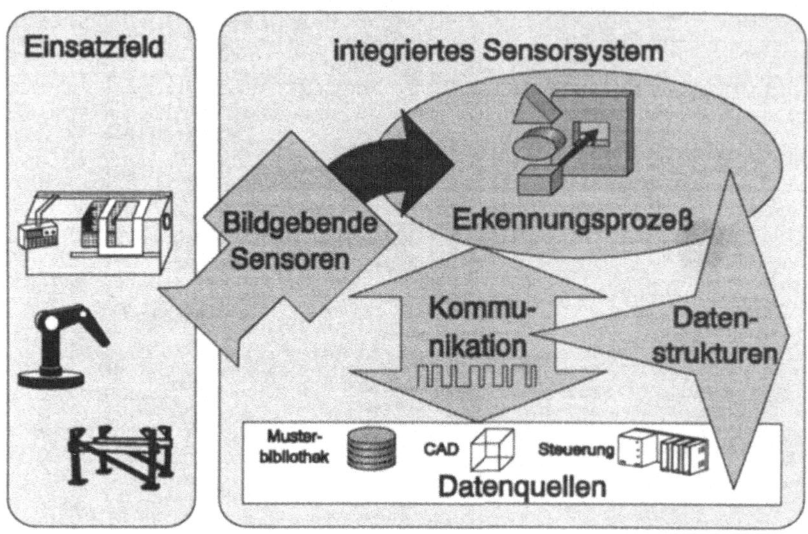


*Abb. 35: Arbeitsschwerpunkt dieses Kapitels*

Das Erscheinungsbild von Objekten hängt zunächst von der Objektform und außerdem von der Betrachtungsperspektive durch den Sensor ab. Daher benötigt ein effizient arbeitendes Sensorsystem Datenquellen, die Geometrieinformationen über das zu erkennende Objekt liefern und außerdem Quellen, aus denen die relative Beziehung zwischen Sensor und Objekt zu entnehmen ist (vergl. Kapitel 3.3.2).

Nach einer Definition der Anforderungen an Datenquellen sollen verschiedene Systeme auf ihre Eignung zur Bereitstellung von Vorwissen untersucht werden. Hierbei muß erstens geklärt werden, wie umfassend die verfügbaren Daten sind und wie sie bereitgestellt werden können.

## 3.4.1. Anforderungen

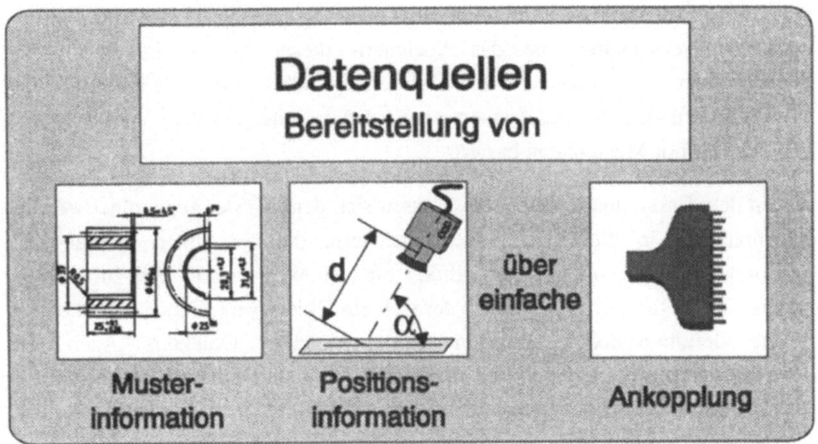


*Abb. 36: Anforderungen an Datenquellen*

Wie aus dem Kapitel 3.3.2 hervorgeht, werden für die hier konzipierte Objekterkennung Informationen über die Objektkanten und die relative Lage zwischen Objekt und Sensor benötigt (Abb. 36). Ein Kriterium bei der Auswahl von Datenquellen ist der Umfang der verfügbaren Information einer Datenquelle. Je mehr benötigte Informationen eine Datenquelle zur Verfügung stellen kann, desto vorteilhafter ist dies. Ein weiterer Aspekt ist, ob die Informationsbereitstellung vollautomatisch geschehen kann oder ob ein interaktiver Eingriff bei der Datenbereitstellung erforderlich ist. Schließlich soll berücksichtigt werden, ob eine Datenquelle einfach an das Sensorsystem anzukoppeln ist und sich ein schneller Zugriff auf die Vorinformation realisieren läßt. Auch die Umwandlungsmöglichkeiten der Informationen auf ein geeignetes Format für das Sensorsystem müssen prinzipiell berücksichtigt werden, darauf wird jedoch im Kapitel Datenstrukturen näher eingegangen.

### 3.4.2.  Musterbibliotheken

Die einfachste Methode, um unterschiedliche Erkennungsmuster für Sensor-systeme bereitzuhalten, ist das Speichern dieser Muster in einer dem Sensorsystem zugeordneten Musterbibliothek. Dies stellt gleichzeitig die Minimalkonfiguration eines Sensorsystems dar, welches auf dem Vergleich von Sensordaten mit Musterdaten basiert.

Neben dem Erkennungsmuster selbst lassen sich dem Muster zugeordnet weitere Informationen in dieser Bibliothek speichern, die bei einem Ausbau des Sensorsystems zu mehr Flexibilität hin sinnvoll sind. Hierzu zählen beispielsweise die Ebene, innerhalb der sich ein Objekt verschieben läßt oder die exakte dreidimensionale Position von stationären Objekten. Auch die Abmessungen von Objekten sind hier speicherbar und ermöglichen damit die Skalierung von Erkennungsmustern auf die zu erwartende Abbildungsgröße des Objektes im Sensor.

Das ausschließliche Nutzen einer Musterbibliothek bietet also eine Grundlage für ein flexibles Sensorsystem, benötigt bei der Änderung der Erkennungssituation aber einen Bediener, der z. B. das zu erkennende Objekt und den erwarteten Betrachtungsabstand einstellt. Vorteilhaft bei einer Musterbibliothek ist, daß sie ohne Aufwand ständig mit dem Sensorsystem verbunden ist und ständig auf die verfügbaren Daten zugegriffen werden kann. Da Schnittstellen zu anderen Systemen nicht vorhanden sind, können hierdurch keine Störungen bei der Anforderung von Vorinformation auftreten.

Eine Musterbibliothek stellt damit eine notwendige Datenquelle für das konzipierte Sensorsystem dar, bietet aber alleine nur Flexibilität bezüglich gespeicherter Erkennungsmuster und keinerlei automatische Anpassungsmöglichkeiten an unterschiedliche Erkennungsaufgaben.

### 3.4.3.  Aktorsteuerungen

Die aktuelle Position eines Sensors, der mit einem Aktor (z. B. einem Industrieroboter oder FTS) mechanisch verbunden ist, läßt sich durch Zugriff auf die Daten der Aktorsteuerung ermitteln. Diese Positionsinformation kann zur

Erhöhung der Flexibilität eines Sensorsystems bezüglich unterschiedlicher Sensorperspektiven und Einsatzsituationen dienen.

Da die Sensordaten häufig zur Steuerung des Aktors genutzt werden, mit dem der Sensor mechanisch verbunden ist, besteht meist bereits ohne zusätzlichen Aufwand eine datentechnische Verbindung zwischen Sensor- und Aktorsystem. Dies legt den Gedanken nahe, auch die in der Aktorsteuerung vorhandenen Stellungsdaten des Aktorsystems für das Sensorsystem zu nutzen und damit die Position des Sensors zu ermitteln.

Für das Kamerasystem in der Roboterhand wird hiermit die Möglichkeit geschaffen, abhängig von der aktuellen Betrachtungsposition der Kamera die Suchmuster automatisch auf den Betrachtungsabstand anzupassen. Außerdem lassen sich perspektivische Verzerrungen der Kamerabilder, hervorgerufen durch nicht orthogonale Betrachtungswinkel, durch Kenntnis der Kamerarorientierung wieder zurückrechnen.

Dem Laserscannersystem kann über die Steuerung des FTS die Sollposition des mobilen Roboters übertragen werden. Da die Abweichung zwischen Soll- und Istposition des mobilen Roboters in der Regel im Bereich weniger Zentimeter liegt, kann das Scannersystem in einem kleinen Suchfeld auf Objektkanten zur Referenzierung zugreifen.

### 3.4.4. CAD-Systeme

Neben der Flexibilität bezüglich unterschiedlicher Einsatzorte soll auch die Erkennung unterschiedlicher Objekte weitgehend automatisch erfolgen können. Für die Bereitstellung von Erkennungsmustern bietet sich der Zugriff auf CAD-Systeme an, da für die meisten in der Fertigungsumgebung zu handhabenden Objekte gilt, daß ihre Geometrieinformation in CAD-Systemen abgelegt sind. Diese Information wird bereits in zahlreichen Anwendungen für die Objekterkennung genutzt [Hirs90]. Der besondere Vorteil von Erkennungsmustern aus CAD-Systemen gegenüber realen Musterbildern ist die Vollständigkeit und geometrische Exaktheit der Information. Eine manuelle Nachbearbeitung von meist störungsbehafteten Musterbildern kann hier entfallen.

Ganz automatisch lassen sich Musterbilder aus CAD-Systemen allerdings nicht bereitstellen, da die benötigte Objektansicht dem CAD-System unbekannt ist. Erst nachdem die Objektansicht vom Benutzer gewählt wurde, ist die Erzeugung von Musterbildern in unterschiedlichen Datenstrukturen problemlos möglich. Auf das Problem einer Datenkonvertierung auf ein Format, welches sich für das Sensorsystem eignet, wird im Kapitel Datenstrukturen eingegangen.

### 3.4.5.  3D-Simulationssysteme

Als vierte mögliche Informationsquelle nach Musterbibliotheken, Aktorsteue-rungen und CAD-Systemen lassen sich 3D-Simulationssysteme nutzen. Hierin findet sich ein Großteil der Informationen vereinigt, die auch in den bereits untersuchten Informationsquellen zugänglich sind. Dabei handelt es sich um:

- Geometrie der zu erkennenden Objekte,
- deren vermutete oder bekannte Position in der Fertigungsumgebung,
- Auflageflächen und Freiheitsgrade der Objekte,
- geometrische Beziehungen zwischen Objekten und Sensoren,
- modellierte Sensorfunktionen und
- kinematische Zusammenhänge der Aktoren.

Ein 3D-Simulationssystem ist also eine Datenquelle, in der für Sensorsysteme hilfreiche Informationen der Fertigungsumgebung in gut geordneter und strukturierter Weise vorliegt. Diese Information muß für die Sensorsysteme nutzbar gemacht werden. Das bedeutet, daß aus der großen Informationsmenge, die im Simulationssystem enthalten ist, die sensorrelevanten Informationen extrahiert werden müssen.

Hierzu wurden simulationsseitig Funktionen implementiert, die ein schnelles Extrahieren sensorrelevanter Informationen ermöglichen [Stet93]. In Abhängigkeit eines Handhabungsauftrages muß mit Hilfe simulierter Sensor-funktionen ermittelt werden, welche Objektkanten vom Sensor aus sichtbar sein müßten. Dazu wurden die Sensoren inklusive ihrer optischen Abbildungsgeo-metrie im Simulationssystem modelliert. Wie in Abb. 37 am Beispiel des Laser-scanners zu sehen ist, wurde außer der Mechanik auch die Optik, in diesem Fall der Strahlengang des Laserstrahls, mit Hilfe des Reflexionsgesetzes nachgebildet.

*Abb. 37:  Realer Laserscanners (links) modelliert im 3D-Simulationssystem USIS (rechts)*

Die Modellierung der Sensoren beinhaltet damit das Sichtfeld eines Sensors sowie dessen Meßbereich. Außerdem ist in der Modellierung des Sensors enthalten, anhand welcher Merkmale er Objekte erkennt. Bei den hier verwendeten Sensoren sind dies Kanten von Objekten. Speziell bei der Kamera in der Roboterhand handelt es sich um Kanten einer ebenen Objektoberfläche, die sich parallel zur Auflagefläche des Objektes befindet. Das Simulationssystem detektiert diese Fläche simulativ und stellt sie dem Sensorsystem in Form einer Kantendarstellung als Erkennungsmuster zu Verfügung.

## 3.4.6.    Ergebnisse und Konzept für die Nutzung der Datenquellen

Aus den vorgestellten Betrachtungen wird deutlich, daß alle aufgeführten Datenquellen einen sinnvollen Beitrag zu einer flexiblen und gleichzeitig effizienten Objekterkennung liefern. Für die Minimalkonfiguration eines Sensorsystems für Handhabungsvorgänge müssen eine Musterbibliothek zur Bereitstellung von Musterdaten und eine Kopplung zum Aktorsystem für die Übertragung der Meßergebnisse an den Handhabungsprozeß vorhanden sein.

Bereits durch die Nutzung der aktuellen Positionsinformation aus der Aktorsteuerung läßt sich das Sensorsystem ohne Beinträchtigung der Einfachheit und Zuverlässigkeit des Erkennungsprozesses flexibler bezüglich unterschiedlicher Betrachtungsperspektiven gestalten.

| | Muster-information | Sensorposition | Lage der Merkmalsebene |
|---|---|---|---|
| CAD-Systeme | ✓ | | |
| Steuerungen | | ✓ | |
| Muster-bibliotheken | ✓ | | ✓ |
| 3D-Bewegungs-simulation | ✓ | ✓ | ✓ |

*Abb. 38: Übersicht über verschiedene Datenquellen und ihren Informationsgehalt zugunsten eines effizienten und flexiblen Sensorsystems*

Ein CAD-System kann in einer weiteren Ausbaustufe Muster an das Sensorsystem liefern. Hierbei ist der Weg der Musterdaten vom CAD-System über die Musterbibliothek zum Sensorsystem sinnvoll. Erstens bleibt das Sensorsystem damit unabhängig vom CAD-System und kann notfalls eigenständig betrieben werden, zweitens wird die notwendige Konvertierung von CAD-Daten in eine Musterdatenstruktur für das Sensorsystem pro Objekt nur einmal erforderlich. Bei wiederholten Erkennungsaufgaben für das gleiche Objekt kann bereits auf ein abgelegtes Muster aus der Bibliothek zurückgegriffen werden.

Die leistungsfähigste Datenquelle stellt schließlich die 3D-Simulation mit modellierter Sensorik dar (Abb. 38). Neben Objektgeometrien und Stellungen von Aktoren sind hier gleichzeitig die Eigenschaften der modellierten Sensoren bezüglich Meßbereich und Merkmalen bei der Erzeugung von Musterbildern verfügbar. Zusätzlich sind in der 3D-Simulation auch Aktorsteuerungen simuliert, so daß die Umsetzung der Sensormeßergebnisse zunächst simulativ bei der Bahn- und Greifplanung im Simulationssystem erfolgen kann. Da die in der Simulation erzeugten Aktorbefehle anschließend ohnehin vom Simulationssystem an das Aktorsystem übertragen werden, kann damit für das Sensorsystem die Verbindung zur Aktorsteuerung vollständig entfallen. Aus den oben genannten Gründen wird daher schwerpunktmäßig die Realisierung der Kopplung von der 3D-Simulation mit dem Sensorsystem angestrebt.

## 3.5. Datenstrukturen

Zur Speicherung und Bereitstellung von Mustern für den Erkennungsprozeß sowie für die Übertragung von Musterinformation aus Datenquellen sind geeignete Datenstrukturen erforderlich (Abb. 39). Die unterschiedlichen Darstellungsformen von Daten in den vorgestellten Datenquellen verhindern die direkte Übertragung von Vorinformation an den Erkennungsprozeß. Unter Berücksichtigung vorhandener Datenstrukturen soll daher in diesem Kapitel erörtert werden, welche Datenstrukturen hinsichtlich Kompatibilität und Konvertierungsaufwand zur Musterrepräsentation im Sensorsystem geeignet sind. Ergebnis soll eine universelle Strategie sein, die die Bereitstellung von Musterinformation für den Erkennungsprozeß unabhängig von der aktuell verfügbaren Musterquelle gewährleistet.

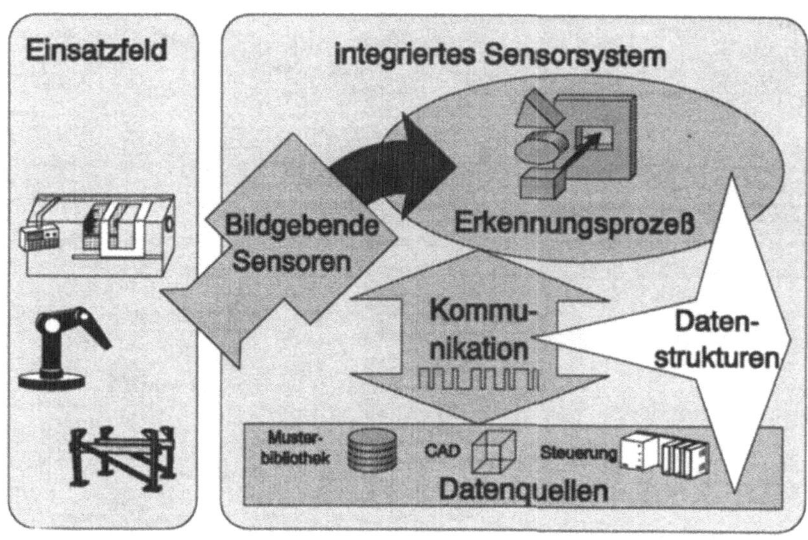


*Abb. 39: Arbeitsschwerpunkt dieses Kapitels*

### 3.5.1. Anforderungen

Im Kapitel 3.3 wurde ein Konzept für eine hierarchische Mustererkennung auf Kantenbasis erstellt. Hierfür werden zweidimensionale Muster benötigt, die die sichtbaren Kanten eines zu erkennenden Objektes wiedergeben. Eine geeignete Datenstruktur für Musterdaten muß daher zweidimensionale Muster repräsentieren können.

Weiterhin wurde in Kapitel 3.3 festgestellt, daß eine Aufteilung eines Musterbildes in Musterelemente wie Kreissegmente und Geradenstücke für einen effizienten Erkennungsprozeß erforderlich ist. Daher soll eine Strukturierung der Musterdaten entsprechend dieser Musterelemente innerhalb der benötigten Datenstruktur realisiert werden können. Damit der Erkennungsprozeß mit den zuverlässigsten Musterelementen die Objektsuche beginnen kann, ist eine Ordnung der Musterelemente nach Größe im Musterformat notwendig. Die Zusammenfassung der Anforderungen ist in Abb. 40 dargestellt.

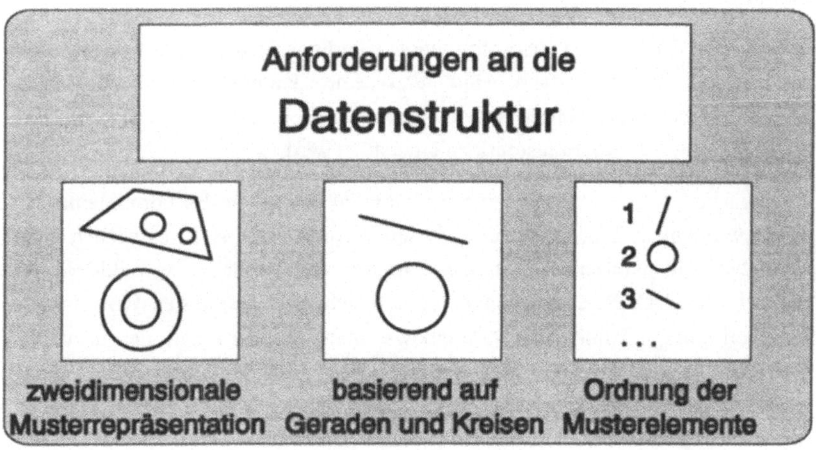


*Abb. 40: Anforderungen an eine Datenstruktur zur Musterrepräsentation*

### 3.5.2.    Repräsentationsformen von Bilddaten

Die Musterdaten für das Sensorsystem lassen sich aus unterschiedlichen Datenquellen gewinnen. Sie können dabei abhängig von der Datenquelle in verschiedenen Formaten bereitgestellt werden. Es liegt nahe zu untersuchen, welche Datenstrukturen in den Musterquellen eingesetzt werden und zu überprüfen, in wie weit sie den oben aufgestellten Anforderungen entsprechen.

Grundsätzlich bestehen zwei prinzipiell unterschiedliche Repräsentationsformen für Bilddaten. Entweder die Muster werden in Form von Bildpunktinformation gespeichert oder die Muster werden durch eine Anzahl von Linien beschrieben [Born90].

Bildpunktinformation ist vorwiegend bei realen oder realitätsnahen (simulierten) Bildern zu finden. Bei der Aufnahme eines Bildes z. B. mit einer Kamera wird die Bildinformation in diskrete Bildpunktinformation umgewandelt. Bildpunkten sind dabei in der Regel Helligkeits- bzw. Farbwerte zugeordnet. Die Muster, die sich mit Hilfe von Bildpunkten darstellen lassen, sind nahezu beliebig. Für die Musterrepräsentation innerhalb des Sensorsystems wird lediglich die Speicherung einfacher Geradenstücke und Kreise ohne Helligkeits- oder Farbinformation benötigt.

Von Vorteil ist bei Bildpunktinformation allerdings, daß die Formate zu ihrer Speicherung meist einfach sind und eine Konvertierung von einem bildpunktorientierten Format in ein anderes durch eine Vielzahl öffentlich zugänglicher Konvertierungsroutinen unterstützt wird.

Ein Beispiel für ein weit verbreitetes Bildpunktformat ist das Format eines X-Window-Dumps. Das X-Window-System wurde am MIT entwickelt und ermöglicht ein netzwerktransparentes Arbeiten und Darstellen von Bildern. Es hat sich im UNIX-Bereich durchgesetzt und steht auf den meisten Workstations zur Verfügung. Damit stellt X-Windows einen Standard dar, der in vielen Bereichen der Bildverarbeitung, beispielsweise auch im Desktop-Publishing, eingesetzt wird, ohne dabei eine starke Einschränkung in der Leistungsfähigkeit gegenüber Spezialentwicklungen darzustellen [Clar90].

Dem Vorteil der Einfachheit und der weiten Verbreitung zur Repräsentation von Mustern steht der Nachteil gegenüber, daß Bildpunktinformation eine unübersichtlich große Menge weitgehend unstrukturierter Information bietet. Eine Ordnung der Bildpunktinformation entsprechend Musterelementen ist damit nur schwer möglich.

Übersichtlicher, jedoch vorwiegend auf CAD-Systeme beschränkt sind geometrieorientierte Formate (Abb. 41). Hier werden Geometrieelemente, wie z. B. gerade Linien und Kreissegmente, zur Musterbeschreibung genutzt. Verbreitet sind Formate, die eine Linie durch die Koordinaten ihres Anfangs-

und Endpunktes oder einen Kreis durch den Mittelpunkt und den Kreisradius definieren (z. B. DXF: Drawing Exchange Format von AutoCAD, HPGL: Hewlet Packard Graphic Language). Solche Formate wurden verstärkt mit der Einführung von CAD-Systemen entwickelt. Durch die Bestrebungen bei CAD- und CAM-Anwendungen den Datenaustausch zu vereinheitlichen, sind vielfältige Standardisierungsvorschläge für Datenschnittstellen entstanden (IGES, SET, VDAFS) [Scho91, Grab90]. Normen für die Schnittstellen von Anwendungen zu graphischen Geräten enthält die GKS-Familie mit den drei Ausprägungsformen für zweidimensionale und dreidimensionale Graphik und für dynamische Bildstrukturen [Clar90].

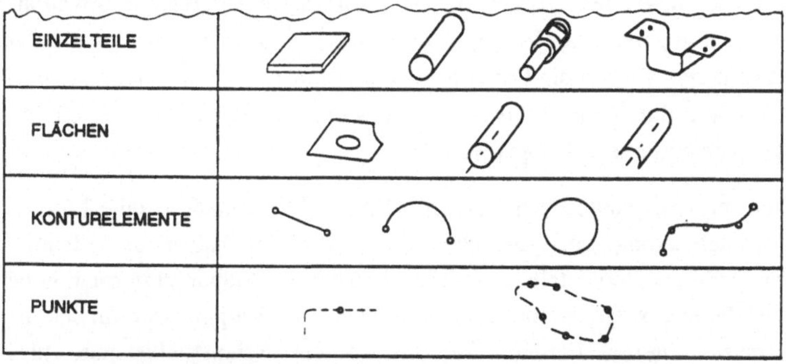

*Abb. 41: Darstellungsformen von Geometrieinformation [Milb92]*

In der Praxis enthalten auch die geometrieorientierten Formate weit mehr Information, als für die Erkennungsmuster benötigt werden. Hierzu zählen beispielsweise Bemaßungsangaben, Beschriftungen und Linienstärken. Ebenfalls ist auch eine Sortierung nach der Wichtigkeit der Linienelemente nicht gegeben.

Weder die gebräuchlichen Bildpunktformate noch die bestehenden geometrie- orientierten Formate sind also für das Sensorsystem gut geeignet. Für das Sensorsystem ist daher ein eigenes Format zu empfehlen. Um eine Ordnung von Geometrieelementen nach Größe und Zusammengehörigkeit einfach zu realisieren, lehnt sich die sensorsysteminterne Darstellung sinnvollerweise an ein geometrieorientiertes Format an. Durch eine Beschränkung auf die im Sensorsystem benötigten Geradenstücke und Kreise kann das Format besonders einfach gehalten werden.

Da keines der standardisierten Datenformate für die Musterrepräsentation genutzt werden soll, wird ein Konverter benötigt, der zumindest eines der gebräuchlichen Bildformate in eine sensorsysteminterne Darstellung transferieren kann.

### 3.5.3. Konvertierung

Abhängig von den verfügbaren Musterquellen und den zugehörigen Datenformaten muß eine Konvertierung von Kamerabildern, simulierten Kamerabildern, oder auch von CAD-Modellen in die interne Darstellung vorgenommen werden. Liegen die Musterdaten in Bildpunktinformation vor, dann ist zwingend eine Vektorisierung dieser Daten für das interne Format durchzuführen. Liegen die Daten bereits als geometrische Information vor, kann dieser Schritt durch eine Konvertierung des einen geometrieorientierten Formats in das systeminterne vollzogen werden.

Da die meisten graphischen Systeme (CAD, 3D-Simulation) eine Möglichkeit zur Visualisierung von Objekten am Bildschirm haben und damit eine Schnittstelle zur Bereitstellung von Musterdaten in Bildpunktinformation bereits zur Verfügung steht, ist die Konvertierung von Bildpunktinformation in das sensorsysteminterne Format die universellste Schnittstelle und für das Sensorsystem unbedingt erforderlich. Weitere Entwicklungen sollten dann die Konvertierung von standardisierten geometrieorientierten Formaten in das sensorsysteminterne Format zum Ziel haben.

# 3.6.    Kommunikation

Der Aufbau eines integrierten Sensorsystems erfordert Kommunikationsschnittstellen zwischen den Datenquellen und dem Erkennungsprozeß (Abb. 42).
Randbedingungen für die Kommunikation ergeben sich aus den Systemen
zwischen denen kommuniziert werden soll und deren Ansiedlung innerhalb
unterschiedlicher Rechner an verschiedenen Aufstellungsorten. Nachfolgend
sollen sowohl hardware- als auch softwaretechnische Grundlagen für eine
effiziente Kommunikation erörtert werden.

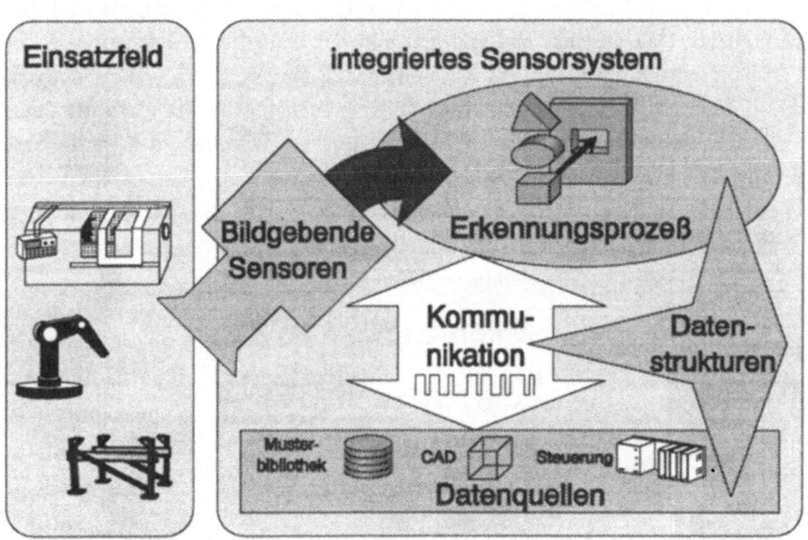


*Abb. 42: Arbeitsschwerpunkt dieses Kapitels*

## 3.6.1.    Anforderungen

Die Kommunikation zum Sensorsystem muß grundsätzlich zwei von der
Datenmenge sehr unterschiedliche Aufgaben erfüllen. Erstens muß die
Sensoraufgabe spezifiziert und an das Sensorsystem übertragen werden sowie
eine Ergebnisrückmeldung erfolgen. Hierbei werden Informationen geringen

Datenumfangs übertragen wie z. B. der Name eines zu erkennenden Objektes, der Betrachtungsabstand oder die ermittelte Position eines Objektes. Für die Auftragsabwicklung können dann Musterbilder aus Datenquellen notwendig sein. Bei Musterbildern aus der Simulation oder von CAD-Systemen handelt es sich um große Datenmengen von einigen 100 kByte.

Für die Realisierung dieser Funktionalitäten wird Kommunikationshard- und -software benötigt, die entsprechend den Anforderungen in Abb. 43 ausgelegt sein muß. Auch hier haben die Anforderungen die zwei Schwerpunkte Flexibilität und Wirtschaftlichkeit.

Flexibilität wird benötigt, da sowohl das auftraggebende System, als auch die verfügbaren Datenquellen und Aktoren von der aktuellen Konstellation in der Fertigungsanlage abhängen. Im Zusammenhang hiermit ist zu berücksichtigen, daß die einzelnen Systeme teilweise auf *unterschiedlichen Rechnern* installiert sind, die sich wiederum an *verschiedenen Orten* innerhalb der Fertigungsumgebung befinden können. Eine besondere Bedeutung kommt der Ortsflexibilität dabei durch den mobilen Roboter zu, der unabhängig vom aktuellen Einsatzort kommunikationsfähig sein muß.

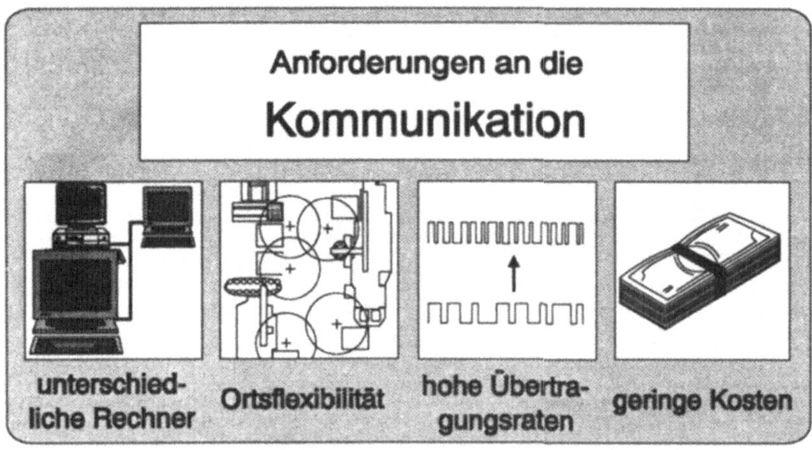


*Abb. 43: Anforderungen an die Kommunikation*

Die Wirtschaftlichkeit wird bei der Kommunikation hauptsächlich durch die Höhe der verfügbaren *Datenübertragungsraten* und der sich daraus ergebenden

Übertragungszeiten beeinflußt. Diese stehen wie üblich in Konkurrenz zu den *Kosten*. Die größten erforderlichen Datenraten werden bei der Übertragung von Bildern benötigt, sodaß das Kommunikationsmedium hieran ausgerichtet werden muß.

### 3.6.2.    Kommunikationshardware

Aus den oben aufgeführten Anforderungen an die Kommunikation berührt der Punkt Datenübertragungsleistung vorwiegend die Hardware. Ebenfalls an die Hardware ist die Forderung nach geringen Kosten gerichtet, womit beinahe gleichzeitig das Zurückgreifen auf verbreitete Standards verbunden ist.

Zur Rechnerkommunikation in der Fertigung werden hauptsächlich drei standardisierte Kommunikationsmedien verwendet [Glas93]:

- Serielle Schnittstellen RS-232/V.24

- Ethernet mit TCP/IP[9]

- MAP 3.0 (Manufacturing Automation Protocol)

Serielle RS-232/V.24 Schnittstellen stellen ein sehr preisgünstiges und das am weitesten verbreitete Kommunikationsmedium dar. Sie eignen sich zur Übertragung geringer Datenraten (bis 19200 Bit/sek) und werden z. B. zur Übertragung von Steuerungsparametern an eine Robotersteuerung eingesetzt. Zum Transfer von Kamera- oder Musterbildern im Sekundenbereich sind diese Übertragungsraten nicht ausreichend.

Ethernet mit TCP/IP stellt maximale Übertragungsraten bis 10 MBit/sek bereit und erfüllt damit die Anforderungen an eine ausreichende Datenübertragungs-rate, um die Kommunikation zwischen Sensorsystem und Datenquellen zu realisieren. Außerdem hat die große Verbreitung von Ethernet dazu beigetragen, daß Workstations und teilweise auch schon PCs standardmäßig mit einer Ethernetschnittstelle ausgerüstet sind. Dies sind ideale Voraussetzungen für die Kommunikation zu CAD-Systemen und 3D-Simulationssystemen.

---

[9]   Transmission Control Protocol / Internet Protocol

Neben der großen Verbreitung von Ethernet steht hier seit 1991 auch eine Entwicklung zur Verfügung, die eine drahtlose Datenübertragung mittels Funkethernet ermöglicht. Diese Entwicklung hat besondere Vorteile bei mobilen Systemen, die auf intensiven Datenzugriff bei stationären oder anderen mobilen Systemen angewiesen sind. Ein konkretes Einsatzbeispiel für den Einsatz einer Funkdatenstrecke ist der in Kapitel 2.1.3 vorgestellte mobile Roboter.

Mit MAP 3.0 steht ein Übertragungsmedium bereit, welches neben einer hohen Datenrate zusätzlich spezielle Kommunikationsdienste für den Informations- verbund in der Fertigung bietet. Dazu gehören beispielsweise das Laden und Starten von Roboterprogrammen. Aufgrund nicht abgeschlossener Standardisierungen und hoher Hardwarekosten findet MAP3.0 derzeit nur eine eingeschränkte Akzeptanz und ist damit als Kommunikationsmedium für das Sensorsystem weniger geeignet.

Vergleichsweise neue Übertragungsmedien sind FDDI (Fiber Distributed Data Interface) und CDDI (Copper Distributed Data Interface) [Schl93]. Hiermit lassen sich Datenübertragungsraten von 100 MBit/sek erreichen, was für die Übertragung von Bilddaten in Video-Echtzeit interessant wird. Da die derzeitige Recherhardware eine ausschließlich softwaretechnische Verarbeitung von Bildern in Videoechtzeit noch nicht zuläßt und die derzeitigen Kosten für FDDI oder CDDI-Lösungen noch hoch sind, werden FDDI und CDDI für die hier betrachteten Aufgaben erst in der Zukunft interessant.

### 3.6.3. Kommunikationssoftware

Die Aufgabe der Kommunikationssoftware ist die Versorgung des Sensorsystems mit notwendigen Daten für den Erkennungsprozeß sowie die Rückführung von Meßergebnissen. Für die ortsunabhängige Kommunikation zwischen verschiedenen Systemen sind dabei netzwerktransparente Kommunikations- mechanismen erforderlich. Unabhängig davon, ob sich zwei Software- anwendungen auf demselben oder auf unterschiedlichen Rechnern befinden, sollen identische Kommunikationsmechanismen verwendet werden. Schließlich muß berücksichtigt werden, daß die Übertragung von Musterbildern aufgrund der großen zu übertragenden Datenmengen möglichst gering gehalten werden sollte.

### 3.6.3.1. Kommunikation zu externen Kommunikationspartnern

Für die Kommunikation mit externen Kommunikationspartnern bestehen nach [Jabl90] zwei Möglichkeiten:

- Datenaustausch über gemeinsame Speicherbereiche
- Datenaustausch durch Interprozeßkommunikation

Beim Datenaustausch über gemeinsame Speicherbereiche kann entweder über einen gemeinsamen Massenspeicher oder über gemeinsamen Hauptspeicher kommuniziert werden. Da die Kommunikationspartner teilweise auf unterschiedlichen Hardwareplattformen installiert sind, kommt hier die Massenspeichervariante in Betracht. Die einfachste Realisierungsmöglichkeit stellt dabei das gemeinsame Dateisystem eines Rechnerverbunds dar. Bei Beschränkung auf eine Datei als Kommunikationsschnittstelle kann die Erteilung von Zugriffsrechten sehr einfach durch das zuständige Betriebssystem gelöst werden. Beim Schreiben und Lesen der Dateien sind die Kommunikationspartner unabhängig voneinander. Besonders bei größeren Datenmengen, die einseitig bereitgestellt werden und zu einem späteren Zeitpunkt abgeholt werden sollen, sind die Kommunikationspartner hierdurch auf einfache Weise entkoppelt.

Der Datenaustauch durch Interprozeßkommunikation erfolgt direkt zwischen Prozessen. Die zu transferierenden Daten werden zwischen den disjunkten Speichern in Form von Botschaften übertragen. Der Botschaftentransport erfolgt über zwei Transportoperationen, mit denen Botschaften vom Sender an ein Transportsystem übergeben werden bzw. vom Empfänger aus dem Transportsystem übernommen werden [Glas93]. Damit eine wechselseitige Kommunikation erfolgen kann, muß jeder Prozeß sowohl einen Sende- als auch einen Empfangsport aufweisen. Während die Interprozeßkommunikation komplizierter ist als der Datenaustausch über gemeinsame Speicherbereiche, bietet sie Vorteile bei der Erteilung von Zugriffsrechten auf Prozesse und damit bei der Koordinierung von Aufträgen.

Aus den obigen Betrachtungen resultiert ein Konzept, in dem Aufträge für das Sensorsystem über eine Interprozeßkommunikation entgegengenommen werden. Bestandteil der Interprozeßkommunikation muß dabei ein Mechanismus sein, der erstens die Zugriffsrechte auf das Sensorsystem regelt und zweitens die Sensorergebnisse entsprechend der aktuellen Konfiguration des Fertigungssystems z. B. an die 3D-Simulation oder direkt an eine Aktorsteuerung weiterleitet.

Für die Bereitstellung von Musterdaten ist die Kommunikation über einen gemeinsamen Massenspeicher vorteilhaft. Durch die einfache Entkopplungsmöglichkeit lassen sich hier bereits im Vorfeld einer Objekterkennung Musterdaten ablegen. Zugriffsprobleme entstehen nicht, da Musterdaten nur *von* Datenquellen *zum* Sensorsystem fließen können.

### 3.6.3.2. Aufwandsreduzierung bei Kommunikation zu externen Datenquellen

Wie oben angedeutet, werden die meisten Daten bei der Übertragung von Erkennungsmustern transportiert. Zusätzlich zu den Zeiten für die Datenübertragung wird hier noch Rechenleistung für die Konvertierung der Musterdaten für das sensorsysteminterne Musterformat benötigt. Hieraus entsteht die Forderung nach einer sensorsysteminternen Kommunikation, die die Kommunikation nach außen in Hinblick auf die Übernahme von Erkennungsmustern reduziert.

Betrachtet man die einzelnen Erkennungsaufträge, so fällt auf, daß sie sich meist nur geringfügig unterscheiden. Besonders die Erkennungsmuster beschränken sich bei der Abarbeitung einer Palette auf eine geringe Zahl, da viele Objekte mit dem gleichen Aussehen gegriffen werden müssen. Das bietet eine Möglichkeit zur Verringerung des Kommunikationsaufwandes, indem ein Muster für gleiche Objekte nur einmal geladen wird.

Aus dem Kapitel Datenquellen geht hervor, daß das Sensorsystem mit einer eigenen Musterbibliothek ausgestattet sein sollte. Dies eröffnet die Möglichkeit, bereits vorhandene Muster aus der internen Musterbibliothek zu beziehen. Ist ein Muster in der Bibliothek noch nicht vorhanden, muß es von der aktuell angeschlossenen Datenquelle eingelesen werden.

Für die Kommunikation zu einer externen Datenquelle ist die Konvertierung der Musterdaten in das systeminterne Format notwendig. Entweder die Datenkonvertierung findet schon bei der externen Datenquelle statt oder erst im Sensorsystem selbst. Da das Sensorsystem die Entscheidung trifft, ob ein externes Erkennungsmuster geladen werden muß, wird die Konvertierung am sinnvollsten auch im Sensorsystem durchgeführt.

# 4.    Realisierung des Sensorsystems und Einsatzbeispiel

Die Grundlage für die Realisierung des integrieren Sensorsystems bilden die in Kapitel 3 aufgestellten Anforderungen und Lösungskonzepte für die fünf Teilbereiche Sensoren, Erkennungsprozeß, Datenquellen, Kommunikation und Datenstrukturen. Ein Ziel dieses Kapitels ist die Konkretisierung und Verdeutlichung der Konzeptionen anhand eines realen Sensorsystems. Ein weiteres Ziel der Realisierung ist die Schaffung einer Grundlage für die Beurteilung, in wie weit die Anforderungen an Flexibilität und Wirtschaftlichkeit durch das Sensorsystem erfüllt werden konnten.

Bevor auf die einzelnen Realisierungen im Detail eingegangen wird, soll ein Überblick über das Gesamtsystem die Zuordnung der Realisierungen zu der Implementierungsumgebung erleichtern (Abb. 44).

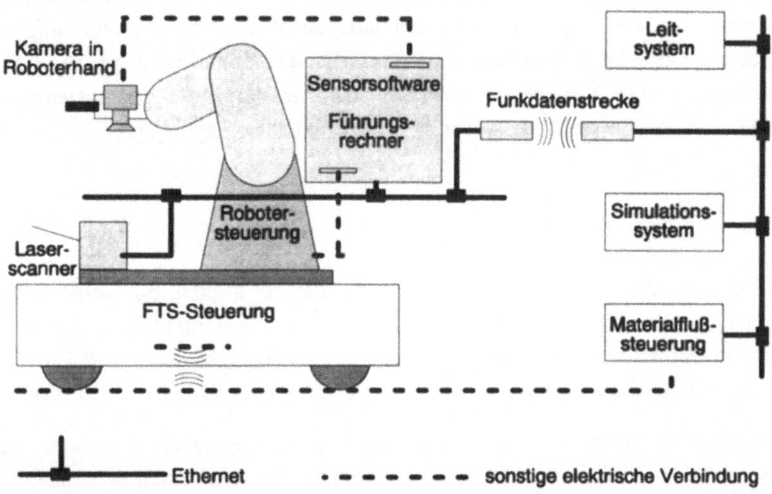


*Abb. 44: Bestandteile des Sensorsystems und ihre Einbindung in die Fertigungsumgebung*

Die aktorischen Komponenten, mit denen das Sensorsystem gekoppelt ist, sind ein Industrieroboter und ein fahrerloses Transportsystem (FTS). Die zugehörigen Steuerungen sind über entsprechende Treiberprogramme von einem Führungsrechner ansprechbar. Dieser Führungsrechner ist eine Software, die der Aufgliederung von Handhabungsaufträgen aus dem Leitsystem in Einzelaufträge für die Steuerungen, die Simulation und das Sensorsystem dient. Gleichzeitig koordinert der Führungsrechner die Kommunikation zwischen den einzelnen Systemen. Die Führungsrechnersoftware ist physikalisch auf einer SUN-Workstation implementiert, die sich auf dem mobilen Roboter befindet. Die Software des Sensorsystems mit den Komponenten Laserscanner und Kamera in der Roboterhand ist ebenfalls auf dieser SUN-Workstation installiert. Die Verbindung der SUN-Workstation mit stationären Rechnerapplikationen der Fertigungsumgebung wird über ein Funkethernet bewerkstelligt. Neben dem bereits genannten Leitsystem zählen hierzu das 3D-Simulationssystem USIS und die Materialflußsteuerung. Die Greif- und Bahnplanung des Simulationssystems ist zwar Teil des mobilen Roboters, aufgrund der beengten Platzverhältnisse befindet sich die zugehörige Rechnerhardware aber nicht auf dem mobilen Roboter. Die Materialflußsteuerung, über die die Kommunikation zur FTS-Steuerung realisiert wurde, ist ebenfalls stationär, da sie für die Ansteuerung mehrerer FTS über im Hallenboden verlegte Leitdrähte ausgelegt ist.

## 4.1.    Sensorhardware

In diesem Abschnitt wird dargestellt, wie die in Kapitel 3.2 aufgestellten Konzepte für eine flexible und wirtschaftliche Sensorhardware umgesetzt wurden. Zunächst werden hierbei die Weiterentwicklungen und Modifikationen des Laserscannersystems betrachtet, die auf dem System von [Kars90] aufbauen.

Anschließend wird die Realisierung der Sensorkomponente Kamera in der Roboterhand erläutert, die ebenfalls entsprechend der Konzeption in Kapitel 3.2 durchgeführt wurde.

### 4.1.1.    Laserscanner

Als wesentliche Ansatzpunkte für Veränderungen des Laserscannersystems im Sinne einer flexiblen, integrierbaren Sensorkomponente, wurden im Kapitel 3.2.2. zwei Maßnahmen vorgeschlagen:

- Positionsvermessung anhand von Objektkanten der Fertigungsumgebung durch erhöhte Meßempfindlichkeit
- Verbesserte Integrationsfähigkeit durch Ankopplung in ein UNIX-Netz

### 4.1.1.1.    Positionsvermessung bezüglich Objekten

Für die Positionsvermessung des mobilen Roboters anhand vorhandener Objektkanten der Fertigungsumgebung im Gegensatz zu den bisher erforderlichen Referenzkreuzen war eine Empfindlichkeitssteigerung der Lichtempfangsschaltung erforderlich. Die Empfindlichkeitssteigerung wurde durch zwei Maßnahmen erreicht.

Eine Maßnahme war die Erhöhung des Signal/Rausch-Verhältnisses durch Modulieren des ausgesendeten Laserlichtes. Mit einem elektrischen Filter in der Lichtempfangsschaltung des Laserscanners lassen sich so alle Störlichtanteile herausfiltern, die nicht der Modulationsfrequenz des Laserlichtes entsprechen. Die Verringerung von Störungen erlaubt nun eine höhere Verstärkung des empfangenen Lichtsignals, was wiederum eine Empfindlichkeitssteigerung bedeutet.

Zur Erzeugung modulierten Laserlichtes wurden die ursprünglich eingesetzten Helium-Neon-Laser durch Laserdioden ersetzt. Laserdioden lassen sich verglichen mit Helium-Neon-Lasern wesentlich einfacher und damit kostengünstiger modulieren [Kneu88].

Als zweite Maßnahme zur Empfindlichkeitssteigerung wurden die bisher verwendeten Silizium-Photodioden durch Lawinen-Photodioden ersetzt. Der durch ein Photon ausgelöste Lawineneffekt bewirkt innerhalb der Lawinen-Photodioden schon eine Stromverstärkung um den Faktor 100.

Durch diese Maßnahmen konnte die Empfindlichkeit der Empfangselektronik so weit gesteigert werden, daß ein helles Objekt von einem dunklen auf eine Entfernung von 4 Metern unterschieden werden kann. Diese Empfindlichkeitssteigerung macht das System unabhängig von künstlichen Vermessungsmarken aus Reflexionsfolie und ermöglicht eine Positionsvermessung des mobilen Roboters anhand vorhandener Objektkanten innerhalb einer Fertigungsumgebung.

## 4.1.1.2. Ansteuerung

Für die informationstechnische Integration des Scannersystems, sowie dessen Programmierbarkeit in einer verbreiteten Hochsprache wurde in der Konzeption eine leistungsfähige Schnittstelle zu einem verbreiteten Rechnersystem gefordert.

Wegen der großen Verbreitung von UNIX-Systemen in der Fertigungsumgebung am iwb fiel die Entscheidung auf eine Ankopplung des Scannersystems an eine SUN-Workstation über Ethernet. Für diese Ankopplung wurde ein Einplatinenrechner eingesetzt, der mit einem Ethernet-Anschluß ausgestattet ist. Zur Übertragung von Scannbefehlen und der Aufnahme von Meßwerten wurde eine elektrische Ankopplung der Ansteuerungsplatinen der Laserscanner an den Einplatinenrechner aufgebaut (Abb. 45).

Der Einplatinenrechner wurde so programmiert, daß er über einen Befehlssatz zur Ausführung verschiedener Scannerfunktionen verfügt. Dieser Befehlssatz läßt sich über die Ethernet-Schnittstelle von der SUN-Workstation ansprechen. Beispiele aus dem Befehlssatz sind:

- Scanne Gerade g (x,y)

- Verfahre linear von Punkt A nach Punkt B

- Scanngeschwindigkeit setzen

- Initialisieren

*Abb. 45: Scannerplatinen gekoppelt mit Einplatinenrechner*

Mit dieser Ankopplung wurde die Basis für den Vergleich von Scannermeßdaten mit Musterdaten aus Datenquellen geschaffen. Gleichzeitig besteht nun auch eine einfache Möglichkeit zur Aktivierung des Scannersystems über den Führungsrechner sowie die Rückführung der Meßergebnisse dorthin.

## 4.1.2.    Kamera in der Roboterhand

Für die Realisierung der Sensorkomponente Kamera in der Roboterhand wurden konzeptionell folgende Punkte behandelt:

- mechanische Befestigung der Kamera nah am Robotergreifer

- Berücksichtigung der Bildschärfe bei unterschiedlichen Betrachtungsabständen

- Auswahl einer Hardware für die Verarbeitung der Kamerabilder

Im folgenden werden die zu diesen Punkten der Konzeption gehörenden Realisierungen vorgestellt.

## 4.1.2.1. Anbringung der Kamera

*Abb. 46: Miniaturkamera, integriert im Flansch zwischen Roboterarm und Greiferwechselsystem*

Um die Anbringung der Kamera einerseits nah am Robotergreifer zu realieren, andererseits aber das Greifersystem des Roboters nicht zu beeinträchtigen, wurde die Integration der Kamera zwischen Greiferwechselsystem und Roboterarm als günstigstes Konzept ausgewählt. Wie in Abb. 46 zu sehen, ist die Blickrichtung der Kamera damit quer zur Handachse ausgerichtet. Obwohl diese Art der Kameraanbringung ungewöhnlich ist, werden hierdurch alle Forderungen aus dem Konzeptionsteil erfüllt:

- Die Kamera ist vollkommen kollisionsgeschützt in die Roboterhand integriert

- Das Sichtfeld der Kamera wird in keiner Situation verdeckt

- Durch Anbringung der Kamera vor dem Greiferwechselsystem steht sie unabhängig vom eingesetzten Greifer zur Verfügung

- Störungsanfällige Steckverbindungen zur Übertragung von Kamerabildern über eine Schnittstelle zum Greiferwechselsystem wurden vermieden

- Die Integrationskosten beschränken sich auf einen neuen Flansch

Ein sensorunterstützter Greifvorgang gestaltet sich mit dieser Anordnung wie folgt:

Die Kamera wird so über den zu betrachtenden Greifbereich gefahren, daß sich ein zu greifendes Objekt im Blickfeld befindet. Das Kamerabild wird aufgenommen und zur Bildverarbeitung übermittelt. Parallel zur Positionsbestimmung des Objektes durch die Bildverarbeitung fährt der Roboter den Greifer in Greifstellung (Kippen der Handachse um 90°). Nach Beendigung der Positionsbestimmung durch die Bildverarbeitung wird der Robotersteuerung der genaue Greifpunkt mitgeteilt. Der Robotergreifer positioniert dementsprechend und kann das Objekt greifen.

### 4.1.2.2. Fokussierungsmechanismus

*Abb. 47: Fokussierungsmechanismus zum Scharfstellen der Bilder bei unterschiedlichen Betrachtungsabständen*

Um die Beweglichkeit der Kamera zur Aufnahme von Bildern aus unterschiedlichen Abständen in vollem Umfang nutzen zu können, wurde für einen Sichtbereich von 0,1m - ∞ ein Fokussierungsmechanismus realisiert. Die Vorgabe einer bestimmten Entfernungseinstellung wird über eine RS-232 Schnittstelle an die elektronische Ansteuerung des Fokussierungsmechanismus gesendet. Diese steuert einen Miniaturgleichstrommoter an, der das Objektiv der

Miniaturkamera in die entsprechende Stellung bewegt. Die Mechanik wurde so konzipiert, daß sie mit der Kamera zusammen im Flansch zwischen Roboterhand und Greiferwechselsystem Platz findet (Abb. 47). Die Information über die einzustellende Entfernung muß aus dem Simulationssystem bereitgestellt werden.

### 4.1.2.3. Bildverarbeitungssystem

Die in der Konzeption durchgeführten Überlegungen hatten zum Ergebnis, daß aus Gründen der geringen Kosten, der Zukunftskompatibilität und der meist hochwertigen Ausrüstung bezüglich Kommunikationsschnittstellen und Bildschirmgraphik ein Standardrechnersystem als Hardwaregrundlage für das Sensorsystem empfehlenswert ist. Ein weiterer Grund lag in der umfangreichen und preiswerten Verfügbarkeit von Software für die Systementwicklung auf Standardrechnern und dem umfangreichen Angebot an Einsteckplatinen zur Bilddigitalisierung.

Die dringend benötigte hohe Rechenleistung führte zur Bevorzugung einer UNIX-Workstation gegenüber den in der Regel preiswerteren, aber auch langsameren DOS-Rechnern. Bei der verwendeten Workstation handelt es sich um eine SUN IPX mit einem Sparc2 Prozessor. Mit einer Rechenleistung von knapp 30 MIPS sowie dem Vorhandensein eines Ethernet-Anschlusses zur Kommunikation mit anderen Komponenten der Fertigungsumgebung bietet die Workstation als Rechnerhardware gute Voraussetzungen als Basis für ein effizientes Bildverarbeitungssystem. Die Bildverarbeitungshardware beschränkt sich auf einen kostengünstigen Framegrabber in Form einer Einsteckplatine zur Digitalisierung der Kamerabilder. Auf Hardware zur Bearbeitung digitalisierter Kamerabilder wurde verzichtet, da Bearbeitungsvorgänge, wie z. B. das Extrahieren von Kanten aus einem Kamerabild, bei den gegebenen Zeitanforderungen durch Software lösbar sind und sich daraus gegenüber einer Hardwarelösung ein Kostenvorteil ergibt.

## 4.2.    Realisierung von Objekterkennung und Positionsbestimmung

Die in der Konzeption verfolgten Ziele Effizienz und Flexibilität finden sich mit unterschiedlicher Gewichtung bei den einzelnen Schritten der Objekterkennung wieder. Für eine hohe Effizienz ist besonders die anfängliche Datenreduktion durch Extraktion besonders erkennungsrelevanter Merkmale aus den Sensordaten maßgeblich. Auch der Erkennungsprozeß trägt durch eine modellbasierte Erkennungsstrategie wesentlich zur Effizienz bei, berücksichtigt aber gleichzeitig eine hohe Flexibilität bezüglich zu erkennender Objekte. Ausschließlich auf Flexibilität ist schließlich die Berücksichtigung unterschiedlicher Betrachtungsperspektiven ausgerichtet.

Um aus der Erkennung schließlich Größen zur Korrektur von Handhabungsvorgängen abzuleiten, muß die Objekterkennung unter dem Aspekt der Realisierung um eine Positionsbestimmung ergänzt werden. Im folgenden werden die einzelen Schritte näher erläutert.

Als Softwaregrundlage für die Bildverarbeitung dient ein Softwarepaket  der University of New Mexico, welches eine umfangreiche Bibliothek an Bildverarbeitungsroutinen beinhaltet. Dieses Softwarepaket, KHOROS, steht für UNIX Systeme zur Verfügung [Khor91] und ist über "anonymous ftp"[10] erhältlich.

### 4.2.1.    Datenreduktion und Objekterkennung

Zugunsten kurzer Erkennungszeiten wird der Objekterkennung zunächst eine Reduktion der Sensordaten vorangestellt. Die Datenreduktion beim Scannersystem unterscheidet sich dabei in ihrer Realisierung von der bei der Kamera in der Roboterhand, führt aber zu einem sehr ähnlichen Ergebnis.

Die Datenreduktion beim Scannersystem wird durch eine hardwaretechnische Differenzierung der empfangenen Lichtsignale mit nachgeschalteter Binarisierungsschwelle vollzogen. Die Bildverarbeitung mit der Kamera in der

---

[10]  Bezug von Software aus öffentlich zugänglichen Datenservern über das weltweite Internet

Roboterhand führt die gleichen Vorverarbeitungsschritte softwaretechnisch, basierend auf dem KHOROS-Softwarepaket, durch. Ergebnis der Datenreduktion sind in beiden Fällen extrahierte Bildpunkte, die die Kanten der sensorisch erfaßten Objekte anzeigen.

Die eigentliche Mustererkennung wird anschließend auf Basis der Struktur des Erkennungsmusters (vergl. 3.3), die sich aus Geradenstücken und Kreisen zusammensetzt, aufgebaut. Dieser Struktur entsprechend wird im Sensorbild zunächst nach dem größten Kantenmerkmal gesucht. Für das Scannersystem wird hierbei von Anfang an das Korrelationsverfahren eingesetzt. Dies ist möglich, da die Richtungen, in der die gesuchten Objektkanten im Scannerbild liegen durch die feststehenden Objekte der Fertigungsumgebung bekannt sind. Bei der Kamera in der Roboterhand können die Objekte in beliebigen Drehlagen innerhalb ihrer Auflageebene im Kamerabild liegen. Daher werden über eine Vektorisierungsroutine der KHOROS-Software zunächst die Richtungen der im Bild vorhandenen Kanten bestimmt. Sobald auch hier die vorhandenen Kantenrichtungen bekannt sind, wird ebenfalls mit dem Korrelationsverfahren nach dem größten Kantenmerkmal gesucht.

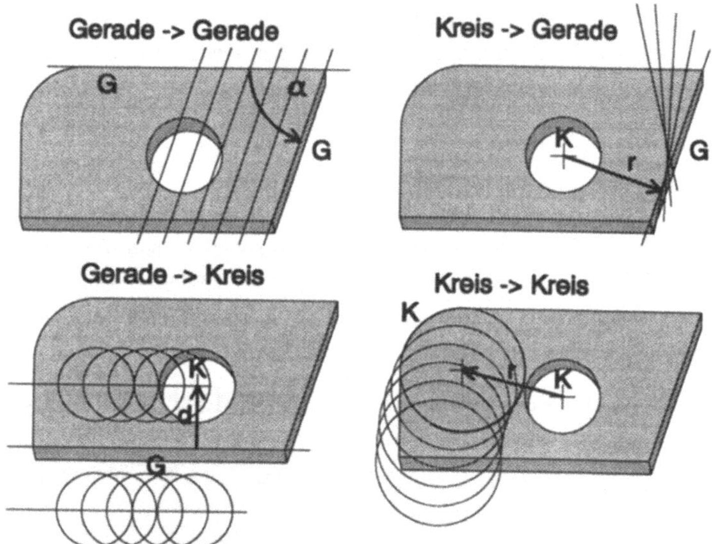


*Abb. 48: Suchstrategien für die Korrelation von Erkennungsmerkmalen*

Auf Basis des ersten gefunden Kantenmerkmals wird die weitere Merkmalssuche nach Geradenstücken oder Kreisen mustergesteuert fortgesetzt, um so den Suchraum für das nächste gesuchte Kantenmerkmal einzuschränken. Aus der Musterstruktur wird dazu das nächstgrößte Merkmal ausgewählt. Abhängig vom Typ (Geradenstück oder Kreis) des ersten Mustermerkmals und des Typs des daraufhin zu suchenden zweiten Mustermerkmals bestehen hierbei vier Suchstrategien, die in Abb. 48 dargestellt sind.

Wird von einer Geraden ausgehend nach einer weiteren Geraden gesucht, dann wird aus der Struktur des Erkennungsmusters die Winkelbeziehung $\alpha$ zwischen den beiden Geraden ermittelt und die gesuchte Gerade in diesem Winkel zur ersten Geraden korreliert. Bei der Suche noch einem Kreis ausgehend von einer Geraden wird der aus der Musterstruktur bekannte Abstand d zwischen Kreismittelpunkt und Gerade als Vorwissen genutzt. Für die Suche nach Kreisen oder Geraden ausgehend von einem Kreis aus erfolgt die Suche im Radius r zu diesem Kreis.

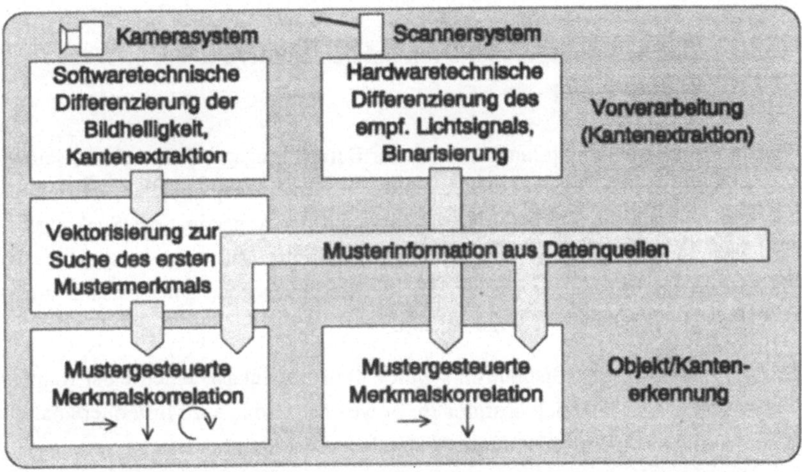


*Abb.49: Gegenüberstellung der Erkennungsprozesse von Laserscannersystem und Kamerasystem*

Aufgrund unvollständiger und gestörter Sensorbildkanten ist es möglich, daß mehrere oder keine Korrespondenzen zum ersten gesuchten Merkmal gefunden werden. Dann wird das nächstkleinere Merkmal in der Beschreibungsstruktur herangezogen, um entweder die erste Korrespondenz zu erhärten oder zu verwerfen, oder um jetzt eine erste Korrespondenz zu finden. Das Verfahren ist beendet, wenn nach allen Merkmalen des Erkennungsmusters im Sensorbild gesucht worden ist.

Zur Entscheidung, ob das gesuchte Objekt gefunden wurde, schließt sich eine Bewertung des Erkennungsvorgangs an. Es wird überprüft, wieviel Prozent der Musterkonturlänge von allen Mustermerkmalen zusammengenommen mit dem Objekt im Kamerabild korrespondieren. Dieser Wert wird mit einem einstellbaren Grenzwert verglichen. Zuverlässige Erkennungsresultate ergaben sich bei einem geforderten Korrespondenzprozentsatz von 75%.

Zusammenfassend ist der Erkennungsprozeß in Abb. 49 dargestellt, wobei die Gegenüberstellung von Laserscannersystem und Kamerasystem verdeutlicht, daß sich die Erkennungsprozesse beider Sensorsysteme sehr ähneln.


## 4.2.2.   Betrachtungsperspektiven bei der Kamera in der Roboterhand

Für die Berücksichtigung unterschiedlicher Betrachtungsperspektiven als Beitrag zur Flexibilität des Sensorsystems wurde in der Konzeption ein zweistufiges Verfahren entworfen. Es basiert musterseitig auf der Anpassung des Suchmusters auf den aktuellen Betrachtungsabstand. Bildseitig ist eine perspektivische Entzerrung des Bildes vorgesehen, die die Merkmalsebene einer Ansicht direkt von oben entsprechend wiedergeben soll.

Für die Anpassung des Suchmusters wurde die Abbildungsgeometrie der Kamera modelliert. Damit läßt sich bestimmen, in welcher Größe ein Mustermerkmal im Kamerabild bei einem bestimmten Abstand zu erwarten ist.

Für die Modellierung der Kamera werden die Größe des CCD-Chips sowie die Brennweite des Kameraobjektivs benötigt. Wenn die Brennweite klein gegenüber dem Abstand der Kamera zum Objekt ist, läßt sich über den Strahlensatz die Abbildungsgröße des Objektes auf dem CCD-Chip vorherbestimmen (Abb. 50).

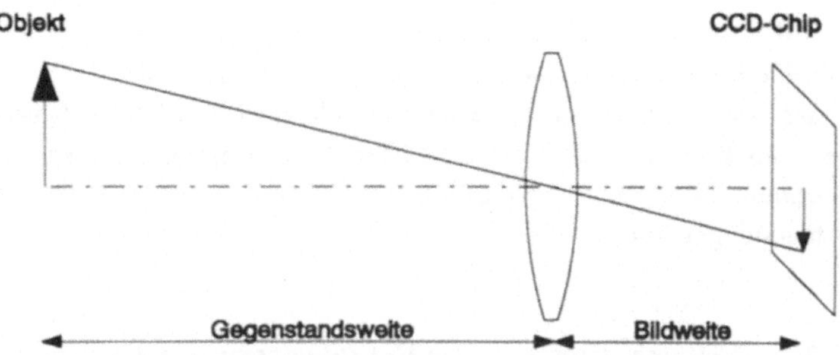


*Abb. 50: Vorherbestimmung der Abbildungsgröße von Objekten auf den CCD-Chip durch den Strahlensatz*

Bildseitig wird die Entzerrung der Merkmalsebene vorgenommen. Die Entzerrung bewirkt, daß die Merkmalsebene so transformiert wird, als würde sie zur Kamera einen einheitlichen Abstand aufweisen. Als Bezugsabstand wird der Abstand verwendet, der zwischen dem Schnittpunkt der optischen Achse mit der Merkmalsebene und dem Kameraobjektiv besteht. Die Bildbereiche, die näher an der Kamera liegen, werden dem Abstand proportional gestaucht, die weiter entfernten Bildbereiche werden entsprechend gestreckt. Das Ergebnis einer solchen Transformation ist in Abb. 51 dargestellt.

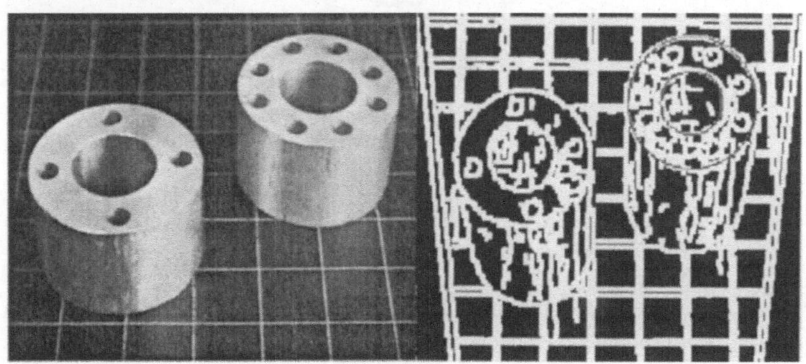

*Abb. 51: Entzerren der Merkmalsebene zwecks vereinfachter Objekterkennung*

Das Erkennungsmerkmal des Werkstücks, die Kreiskontur der Objektoberseite, erscheint im Kamerabild (links) als Ellipse. Das quadratische Linienmuster verjüngt sich nach hinten. Im entzerrten Bild (rechts) wird die Objektkontur wieder als Kreis abgebildet und die Linien des Hintergrunds erscheinen wieder winkeltreu. Dem rechten Werkstück wurde als dem zuerst gefundenen das Suchmuster graphisch überlagert.

### 4.2.3. Positionsbestimmung im Koordinatensystem des Sensors

Um in einem Aktorsystem die Ausführung einer Handhabungsaufgabe entsprechend der Sensordaten zu ermöglichen, sind Übereinkünfte bei den Sensor- und Aktorkoordinatensystemen erforderlich.

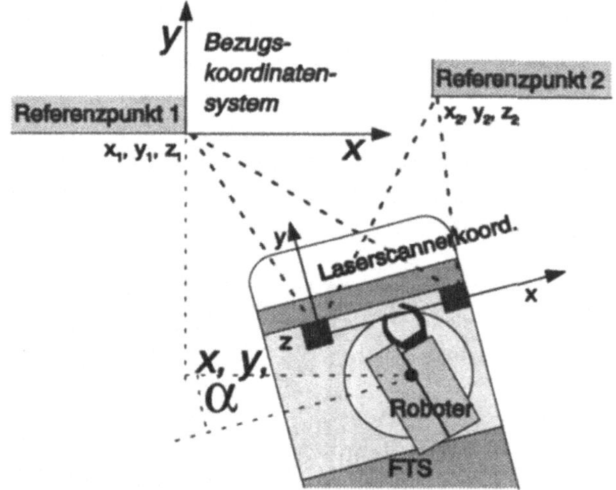


*Abb. 52: Koordinatenfestlegungen bei Vermessungen mit dem Scannersystem*

Das Laserscannersystem bestimmt die Position des mobilen Roboters gegenüber der Fertigungsumgebung anhand von zwei Referenzpunkten (Abb. 52). Die XYZ-Positionen der zwei Referenzpunkte bezogen auf das Scannersystem werden nach dem im Kapitel 3.2.2 beschrieben Triangulationsprinzip errechnet. Dabei werden die Winkelkoordinaten der Laserstrahlrichtungen in kartesische Koordinaten umgerechnet. Ergebnis ist schließlich die XY-Position des mobilen

Roboters in Millimetern und ein Drehwinkel $\alpha$ innerhalb der XY-Ebene bezogen auf ein wählbares kartesisches Bezugskoordinatensystem innerhalb der Fertigungsumgebung.

Das Kamerasystem führt eine 2D-Positionsbestimmung durch. Die Position eines Objektes im Kamerabild muß dazu in eine XY-Koordinate in der Objektebene umgewandelt werden. Für das Koordinatensystem der Kamera wurde die Bildmitte, die gleichzeitig auf der optischen Achse des Sensors liegt, als Nullpunkt festgelegt.

Das Kamerasystem ermittelt nun die relative Lage zwischen Objektkoordinatensystem und dem Bildmittelpunkt zunächst in Bildpunktkoordinaten. Die Festlegung des Objektkoordinatensystems wird in Kapitel 4.4 erläutert. Anschließend wird unter Zuhilfenahme des Betrachtungsabstandes die Position in Millimeter bezogen auf den Schnittpunkt von der optischen Achse und der Merkmalsebene bestimmt (S. 62 Abb. 34).

Damit ist auch die Positionsbestimmung als letzter Schritt bei der Objekterkennung flexibel bezüglich unterschiedlichen Objekten und Handhabungssituationen und liefert direkt bei der Handhabung verwertbare Ergebnisse in Millimetern.


## 4.3.    Eingesetzte Datenquellen

Für eine flexible und effiziente Objekterkennung werden Datenquellen benötigt, die der aktuellen Handhabungssituation entsprechend Erkennungsmuster bereitstellen. Neben einer hohen Flexibilität tragen situationsabhängige Erkennungsmuster gleichzeitig zu einer effizienten Objekterkennung bei, da aufgrund der Vorinformation die durch das Sensorsystem zu bestimmenden Größen auf ein Minimum reduziert werden.

In der Realisierung des Sensorsystems werden zwei Datenquellen zur Bereitstellung von Musterbildern eingesetzt. Bei der einen Datenquelle handelt es sich um eine lokale, dem Sensorsystem angegliederte Musterbibliothek, in der die Muster der letzten Erkennungsaufträge gespeichert sind. Die andere Musterquelle ist das 3D-Simulationssystem USIS, welches aufgrund des hohen

Informationsgehaltes für neue Erkennungsaufgaben die entsprechenden Muster inklusive zusätzlicher Information über sichtbare Objektkanten oder Betrachtungsabstand bereit stellt.

### 4.3.1. Musterbibliothek

Die Musterbibliothek des Sensorsystems besteht aus Dateien, in denen Musterbilder von zu erkennenden Objekten abgelegt sind. Durch die Dateinamen, die den Objektnamen entsprechen, lassen sich die Musterbilder eindeutig identifizieren.

Die Musterbibliothek stellt für das Sensorsystem eine Art Gedächtnis dar, in dem einmal generierte Musterbilder gespeichert werden. Für die Mustererzeugung bestehen derzeit zwei Möglichkeiten. Es können Musterbilder aus der Simulation und durch reale Kamerabilder erzeugt werden.

Beim interaktiven Aufnehmen von Musterbildern mit einer Kamera werden aus dem Musterbild zunächst die Objektkanten extrahiert. Ein Nachbearbeiten der Objektkanten, um beispielsweise Störungen zu beseitigen oder unvollständige Kanten zu vervollständigen, wird durch einen integrierten Bitmapeditor ermöglicht (s. Kapitel 4.6 Benutzeroberfläche). Das ideale Kantenbild wird anschließend einem Konverter zugeführt, der das Pixelbild in eine sensorsysteminterne Vektordarstellung umwandelt.

Bei Musterbildern für das Kamerasystem wird der Bediener nach dem Objektnamen, der Objekthöhe und dem Abstand zwischen Objektauflageebene und Kamera gefragt (s. Kapitel 4.6 Benutzeroberfläche). Objekthöhe und Abstand sind erforderlich, um das Musterbild maßstabsgetreu speichern zu können.

Musterbildern für das Scannersystem wird durch eine Referenzmessung zusätzlich Information über die XYZ-Koordinate des Bezugspunktes beigefügt. Der Bezugspunkt wird dabei durch sich schneidende Objektkanten im Musterbild definiert und seine XYZ-Koordinate bezogen auf das Scannersystem gespeichert. Außerdem werden für jeden Bezugspunkt zwei Musterbilder gespeichert, jeweils eins für die jeweilige Perspektive des linken und des rechten Scanners.

Die Möglichkeit zur Erzeugung von Musterbildern durch das 3D-Simulationssystem USIS ist besonders unter dem Integrationsaspekt interessant. Im Gegensatz zu der interaktiven Mustererzeugung werden hier alle Informationen vollautomatisch zur Verfügung gestellt. die Vorgehensweise hierbei wird im folgenden Kapitel dargestellt.

## 4.3.2.    3D-Simulationssystem

Für die Erzeugung von Musterbildern im Simulationssystem USIS wurden dort die Sensorkomponenten Kamera in der Roboterhand und Laserscannersystem inklusive der optischen Strahlengänge modelliert [Stet93].

Dadurch ist das Simulationssystem in der Lage, ein realitätsnahes Bild von der aktuellen Handhabungssituation aus der Perspektive des betreffenden Sensors zu simulieren. Zusätzlich zu dem Musterbild wird gleichzeitig die Information geliefert, um welches Objekt es sich dabei handelt. Die bei der interaktiven Mustergenerierung manuell einzugebenden Werte werden hier direkt aus der Simulation übernommen.

Da das simulierte Bild keinen Störeinflüssen wie Schmutz oder Reflexionen unterworfen ist, handelt es sich um ein ideales Muster, welches keiner Nachbearbeitung bedarf. Neben der Freiheit von Störungen bietet die Simulation außerdem die Möglichkeit, das simulierte Bild bereits in einer Kantendarstellung zu erzeugen. Erstens wird das Sensorsystem hierdurch von der Kantenextraktion entbunden, was immer eine Fehlerquelle darstellt, zweitens kann das Simulationssystem Objektkanten darauf überprüfen, ob sie überhaupt vom Sensorsystem detektiert werden können. Dieser Punkt betrifft besonders das Scannersystem, bei dem die "Sichtweite" bis ca. 4 m reicht und bei dem es erforderlich ist, daß für beide Scanner keine Hindernisse die Sicht auf Bezugspunkte verdecken.

Wenn für die aktuelle Erkennungsaufgabe kein Musterbild vorhanden ist, lädt das Sensorsystem das (die) simulierte(n) Sensorbild(er) und übergibt sie an den Konverter. Dort wird eine Umwandlung in das sensorsysteminterne Format vorgenommen und die Musterbibliothek entsprechend ergänzt.

# 4.4.   Datenstrukturen

Die Festlegung von Datenstrukturen für das Sensorsystem ist erstens im Zusammenhang mit einer flexiblen Auftragserteilung und Ergebnisrückführung erforderlich. Zweitens wird eine universelle Datenstruktur für die Repräsentation von Erkennungsmustern unterschiedlicher Objekte benötigt, wobei diese Datenstruktur durch eine Ordnung von Erkennungsmustern in Musterelemente die Basis für eine effiziente Objekterkennung bildet. Im folgenden wird die Realisierung dieser Datenstrukturen für das konzipierte Sensorsystem erläutert.

## 4.4.1.   Sensorauftrags- und -ergebnisformat

Die unterschiedlichen Zusammensetzungsmöglichkeiten von flexiblen Fertigungssystemen erfordern einen flexible Nutzung der aktuell verfügbaren Quellen für Vorinformation. Diese flexible Nutzung wird durch ein Sensorauftragsformat erreicht, in dem Raum für alle brauchbaren Informationen zur Unterstützung des Erkennungsvorgangs bereit steht.

Zu den brauchbaren Informationen gehören Name und Anzahl der zu erkennenden Objekte, die zu verwendende Musterdatenquelle, Ort der Objekterkennung, die Betrachtungsperspektive, aufgeteilt in Betrachtungsabstand und -winkel, der Erkennungsprozentsatz, der für eine erfolgreiche Objekterkennung gefordert wird, sowie der einzusetzende Sensor. Für einen Sensorauftrag werden alle bekannten Informationen durch ein auftraggebendes System (z. B. Zellenrechner) in diese Auftragsstruktur eingetragen. Alle nicht angegebenen Informationen ergänzt das Sensorsystem durch Defaulteinstellungen, die durch die Grundkonfiguration bzw. den letzten abgearbeiteten Sensorauftrag bestimmt sind. Auf diese Weise wird gewährleistet, daß das Sensorsystem im einfachsten Fall ohne externe Vorinformation arbeiten kann und nur Vorwissen aus der eigenen Musterbibliothek und den Defaulteinstellungen nutzt. Sobald externe Vorinformation vorhanden ist und über die Auftragsdatenstruktur dem Sensorsystem zur Verfügung gestellt wird, findet automatisch eine Berücksichtigung dieser Information statt.

Die Ergebnisrückmeldung an das auftraggebende System erfordert die Angabe einer Position innerhalb einer Ebene und muß daher zwei translatorische und eine rotatorische Größe beinhalten. Wie im Maschinenbau üblich erfolgen die translatorischen Angaben in Millimeter, eine Rotation wird in Grad angegeben.

## 4.4.2.    Konverter für die Erkennungsmusterrepräsentation

Zur Speicherung von Erkennungsmustern in der Musterbibliothek des Sensorsystems wird in der Konzeption eine Datenstruktur gefordert, welche die Erkennungsmuster in Form von Geradenstücken und Kreissegmenten wiedergibt. Diese Konturelemente sollen dabei ihrer Größe nach geordnet sein. Außerdem muß aus der Darstellung die relative Lage der Konturelemente zueinander hervorgehen. Für die Erzeugung dieser sensorsysteminternen Datenstruktur wurde ein Konverter aufgebaut, der aus Bildpunktinformation eine den obigen Kriterien entsprechende Datenstruktur erzeugt.

Der Konverter ist in drei Stufen gegliedert. Die erste Stufe bildet eine Funktion, die die Bildpunktinformation über das Musterobjekt in Vektorinformation umwandelt. Die zweite Stufe ordnet die Musterelemente der Größe nach und bestimmt die geometrischen Beziehungen zwischen den einzelnen Mustermerkmalen. Die dritte Stufe legt ein Koordinatensystem für das Musterobjekt fest, damit eine Positionsangabe des Musterobjektes bezüglich des Sensorsystems möglich ist.

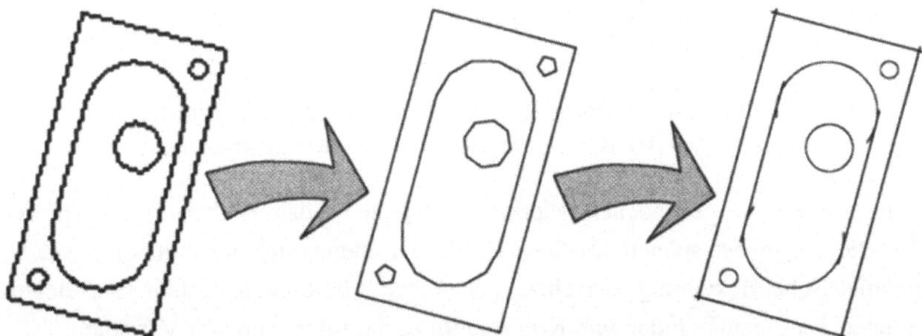

*Abb. 53: Konvertierung von Pixelinformation in eine geometrische Beschreibung*

Der Umwandlung der Bildinformation in Vektorinformation liegt eine Vektorisierungsroutine des KHOROS-Softwarepakets zugrunde, die aus zusammenhängenden Bildpunkten Geradenstücke bildet (Abb. 53). Kreise

werden durch diese Konvertierung zu Polygonen umgewandelt. Der
Kreismittelpunkt ergibt sich dann aus dem Schnittpunkt der Mittelsenkrechten
der Kanten, aus denen sich das Polygon zusammensetzt. Der Kreisradius wird
aus dem Abstand der Eckpunkte und der Kanten vom Mittelpunkt gemittelt.

Schließlich werden die einzelnen Merkmale und deren Beziehungen zueinander
in tabellarischer Form abgelegt (Abb. 54). Dies beinhaltet zunächst eine
Sortierung und Nummerierung der Merkmale nach Kantenlänge, wobei die
Merkmale mit der größten Kantenlänge die Tabelle anführen.

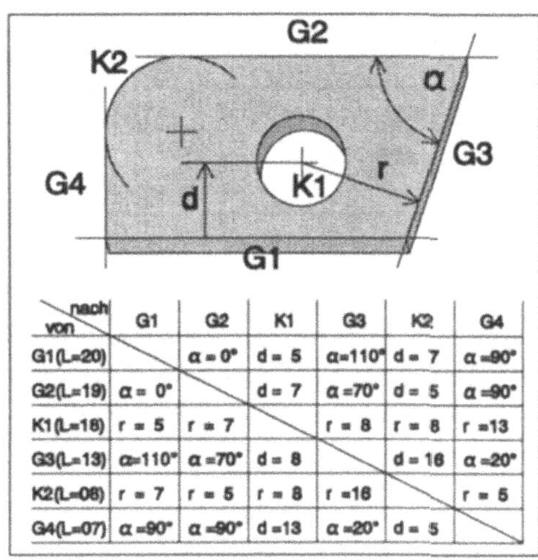



| von \ nach | G1 | G2 | K1 | G3 | K2 | G4 |
|---|---|---|---|---|---|---|
| G1 (L=20) | | α = 0° | d = 5 | α=110° | d = 7 | α =90° |
| G2 (L=19) | α = 0° | | d = 7 | α =70° | d = 5 | α =90° |
| K1 (L=18) | r = 5 | r = 7 | | r = 8 | r = 8 | r =13 |
| G3 (L=13) | α=110° | α =70° | d = 8 | | d = 16 | α =20° |
| K2 (L=08) | r = 7 | r = 5 | r = 8 | r =16 | | r = 5 |
| G4 (L=07) | α =90° | α =90° | d =13 | α =20° | d = 5 | |

*Abb. 54: Tabellarische Ordnung der Mustermerkmale eines Objektes und
Speicherung der Beziehungen zwischen den Mustermerkmalen*

Um von einem gefundenen Merkmal ausgehend das nächste Merkmal der
Tabelle möglichst schnell im Sensorbild zu finden, muß bekannt sein, welche
geometrische Beziehung zwischen den beiden Merkmalen besteht. Für Beziehungen zwischen Geraden und Kreisen gibt es die folgenden vier Varianten:

- Gerade     → Gerade (Winkel α)
- Gerade     → Kreismittelpkt (Abstand d)
- Kreismittelpkt     → Gerade (Radius r)
- Kreismittelpkt     → Kreismittelpkt (Radius r)

Der Betrag des Beziehungskriteriums ($\alpha$, d oder r) wird im Musterbild bestimmt und in der Musterstruktur gespeichert.

Die letzte Stufe des Konverters führt die Definition eines Objektkoordinatensystems durch. Dafür wird zunächst ein Objektbezugspunkt benötigt, der der Einfachheit wegen in der Objektmitte liegen sollte. Die Objektmitte ist jedoch bei vielen Objekten nicht eindeutig definiert. Eine allgemeingültige und damit flexible Definition eines eindeutigen Objektbezugspunktes ist über den Flächenschwerpunkt des Erkennungsmusters möglich. Für die Bestimmung des Flächenschwerpunktes wird die gesamte Fläche herangezogen, die durch die Außenkontur des Erkennungsmusters begrenzt ist.

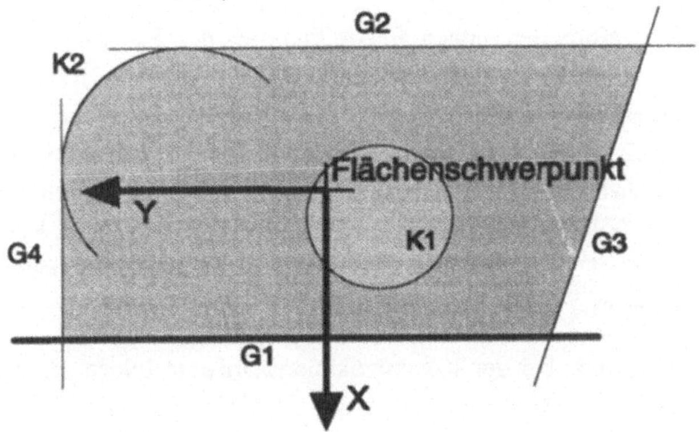


*Abb. 55: Automatische Festlegung eines Koordinatensystems bei einem Werkstück*

Die Definition einer eindeutigen Richtung für das Objektkoodinatensystem geschieht durch einen Vektor, der vom Objektbezugspunkt auf das größte eindeutige Erkennungsmerkmal weist. Ist dieses Erkennungsmerkmal ein Geradenstück, dann steht der Vektor senkrecht darauf (Abb. 55), bei Kreisen weist er auf deren Mittelpunkt. Bei vollständig rotationssymmetrischen Objekten muß die Richtungsbestimmung natürlich entfallen. Bei anders symmetrischen Objekten, die keine eindeutigen Richtungsbestimmung erlauben, dient ein beliebiges der anzahlmäßig am wenigsten vertretenen Merkmale zur Richtungsbestimmung.

## 4.5. Kommunikation

Zur Erreichung einer flexiblen und effizienten Kommunikation wurden in der Konzeption zunächst die bestehenden Möglichkeiten bei der Kommunikationshardware verglichen. Auf dieser Hardware basiert das Konzept für die Kommunikationssoftware. Es erlaubt eine von der aktuellen Zusammensetzung der Fertigungsumgebung unabhängige und damit flexible Nutzung von Vorinformation für den Erkennungsprozeß.

### 4.5.1. Verwendete Kommunikationshardware

Aus der geforderten hohen Flexibilität bei der Kommunikation zu anderen Rechnerapplikationen und der gleichzeitigen Forderung nach geringen Kosten pro übermittelter Datenmenge resultierte der Einsatz einer weit verbreiteten Kommunikationshardware. Die Kommunikation des Sensorsystems stützt sich daher hardwaretechnisch hauptsächlich auf Ethernet, wobei eine Ethernetschnittstelle zur Grundausstattung der meisten Workstations gehört. Für die Kommunikation zwischen den mobilen Applikationen auf dem mobilen Roboter und stationären Anwendungen wird ein Funkethernet eingesetzt.

Eine Ausnahme bei der Kommunikationshardware bilden die Steuerungen, die noch über RS-232-Schnittstellen angesprochen werden, wobei auch hier ein Trend zu leistungsfähigerer Kommunikationshardware zu erkennen ist. Für das Sensorsystem hat dies jedoch eine geringe Bedeutung, da sich die zu übertragenden Daten auf wenige Koordinatenwerte beschränken und damit kein Kommunikationsengpaß besteht.

### 4.5.2. Softwaretechnische Abwicklung der Kommunikation

Die softwaretechnische Realisierung der Kommunikation wurde im Konzept nach Auftrags- und Ergebnisdaten auf der einen Seite und Musterdaten auf der anderen Seite getrennt. Bei der Übertragung von Auftrags- und Ergebnisdaten wurde aufgrund der geringen Datenmengen und der Notwendigkeit der Erteilung von Zugriffsrechten eine Interprozeßkommunikation nach dem Client-Server-Prinzip installiert. Die Übertragung von Musterdaten wird aufgrund der großen Datenmengen und der einfachen zeitlichen Entkopplung der Kommunikationspartner über das Filesystem des Rechnernetzes realisiert. (Abb. 56)

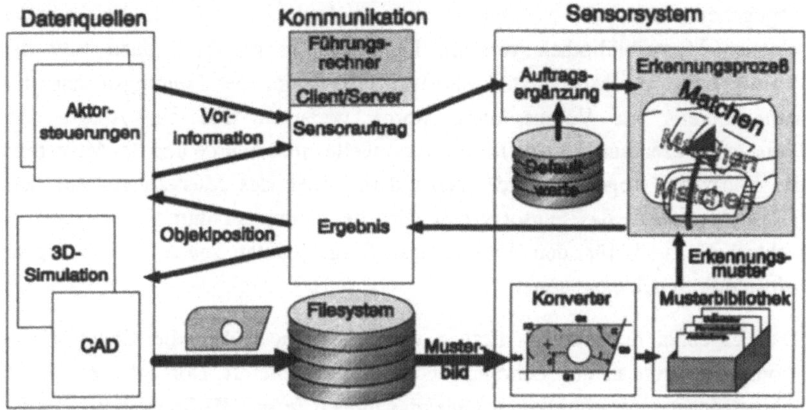


*Abb. 56: Kommunikationsmechanismus zur universellen Datenakquisition*

Die Übertragung von Auftrags- und Ergebnisdaten nach dem Client-Server-Prinzip untersteht dem auf Zellenebene befindlichen Führungsrechner des mobilen Roboters. Hier wird die Koordination der Kommunikation, also die Verwaltung von Kommunikationsadressen sowie die Erteilung von Zugriffsrechten, abgewickelt.

Als Client tritt bei der installierten Kommunikation der Führungsrechner auf. Die Server sind zum einen die Datenquellen, zum anderen das Sensorsystem. Sobald die Verbindung zwischen Client und Server durch eine Kommunikationsanfrage des Führungsrechners und eine Bestätigung des Servers aufgebaut wurde, stehen verschiedene Dienste zu Verfügung.

Im konkreten Fall bietet das Sensorsystem als Server den Dienst einer Positionsvermessung an. Dazu wird das Sensorsystem vom Führungsrechner mit einem Auftrag angesprochen, der bereits die verfügbaren Vorinformationen aus den Datenquellen enthält. Auftragsdaten, die nicht über die vorhandenen Datenquellen spezifiziert werden konnten und damit nicht im Sensorauftrag spezifiziert wurden, werden innerhalb des Sensorsystems durch Defaultwerte ergänzt. Die Defaultwerte ergeben sich aus der Grundkonfiguration des Sensorsystems bzw. aus dem letzten abgearbeiteten Auftrag.

Wenn für den Auftrag eine externe Musterquelle wie z. B. die 3D-Simulation angegeben wurde, prüft das Sensorsystem, ob das benötigte Muster bereits in der eigenen Musterbibliothek vorliegt. Ist das nicht der Fall, dann liest das Sensorsystem die Musterdaten aus dem Filesystem. Der Führungsrechner hat dann bereits im Voraus dafür Sorge getragen, daß ein Auftrag zur Musterbilderzeugung an eine Musterdatenquelle erteilt wurde und das Musterbild im Filesystem abgelegt wurde. Nach dem Laden des Musterbildes aus dem Filesystem durch das Sensorsystem wird der Bildinhalt durch den Konverter vektorisiert und für den Erkennungsauftrag genutzt sowie in die eigene Musterbibliothek eingetragen.

Das Ergebnis des Sensorauftrages wird schließlich über die Client-Server-Kommunikation an den Führungsrechner zurückgeliefert. Dort steht es für die Aktualisierung der simulierten Objektpositionen in der 3D-Simulation oder für die Durchführung eines exakten Greifprozesses den Aktorsteuerungen zur Verfügung.

Mit dieser Art der Kommunikation wurde erstens eine weitgehende Unabhängigkeit von den aktuell verfügbaren Datenquellen erreicht. Zweitens ließ sich die etwas zeitintensivere Bereitstellung und Konvertierung von Musterbildern über das Filesystem zeitlich entkoppeln und der Kommunikationsaufwand in diesem Bereich durch die zwischengeschaltete Musterbibliothek minimieren.

## 4.6.    Graphische Benutzeroberfläche des Sensorsystems

Sowohl während der Entwicklung als auch beim praktischen Einsatz ist es notwendig, das Sensorsystem durch Benutzerinteraktion zu konfigurieren und die Meßergebnisse zu visualisieren. Diese Funktionalitäten sind zwar nicht erforderlich für den störungsfreien Betrieb des integrierten Sensorsystems, doch im Fehlerfall beschleunigen sie das Auffinden der Zusammenhänge zwischen Systemversagen und Ursache erheblich.

Als Benutzeroberflächen haben sich im Workstationbereich und auch zunehmend auf dem PC-Gebiet graphische Benutzerschnittstellen durchgesetzt (Graphical User Interfaces). Zum ersten ermöglicht die graphische Benutzerführung bei einer gut strukturierten Benutzeroberfläche kurze Einarbeitungszeiten für den Anwender. Zum zweiten lassen sich graphisch angezeigte Meßergebnisse einfacher und schneller interpretieren, als Dateien mit numerisch abgelegten Meßwerten. Dies wiederum erhöht die Akzeptanz von Sensorsystemen erheblich, da Sensorik damit nachvollziehbar und verständlich wird.

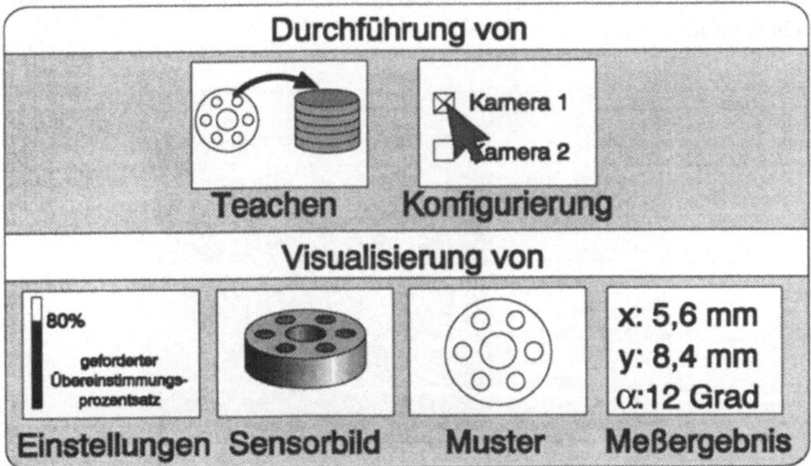


*Abb. 57: Aufgaben der Benutzeroberfläche*

Im UNIX-Workstationbereich, wo das entwickelte Sensorsystem implementiert wurde, existiert mit OSF/Motif [OSF90] ein Quasi-Standard für graphische Benutzeroberflächen. Zur Erstellung von Motif-Benutzeroberflächen stehen eine

Vielzahl von Softwarewerkzeugen zur Verfügung, die die Erstellung solcher Oberflächen erleichtern (X-Designer, INGRES-4GL, UIL).

Die Benutzeroberfläche des Sensorsystems hat hauptsächlich zwei Aufgaben. Erstens soll dem Benutzer das komfortable Teachen von Mustern und Konfigurieren des Sensorsystems ermöglicht werden. Zweitens soll die Benutzeroberfläche dem Benutzer durch Visualisierung von aktuellen Einstellungen, Sensordaten, Erkennungsmustern und Meßergebnissen eine einfache Kontrolle der Sensorfunktionen erlauben. (Abb. 57)

Für das Teachen von Erkennungsmustern wurde innerhalb der Benutzeroberfläche ein Werkzeug implementiert, mit dem über die Kamera in der Roboterhand Musterbilder von den zu erkennenden Objekten aufgenommen und gespeichert werden können. Ein gespeichertes Musterbild wird automatisch kantengefiltert und steht anschließend als Bitmap zur Verfügung. Über einen integrierten Bitmap-Editor (Abb. 58) läßt sich das Musterbild nachbearbeiten. Eine Nachbearbeitung ermöglicht beispielsweise das Eliminieren von unerwünschten Kanten im Musterbild, die durch Schattenwürfe oder entstanden sein können.

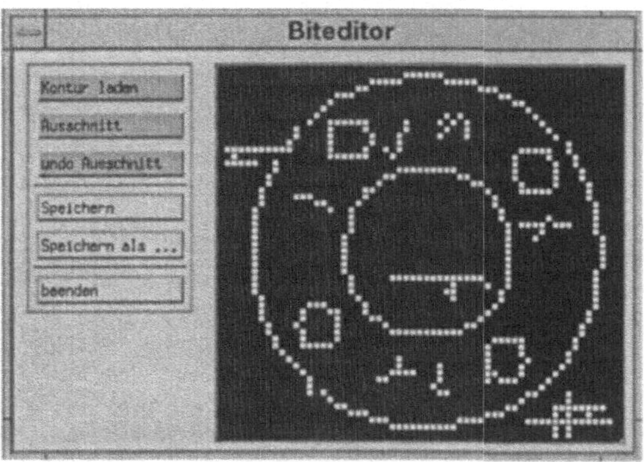


*Abb. 58: Bitmapeditor zum Editieren geteachter Erkennungsmuster*

Dem Laserscannersystem können über die Teachfunktion Referenzpunkte bekannt gemacht werden. Die Laserscanner lassen sich dabei getrennt über die Tastatur oder eine Maus ansteuern, um den betreffenden Laserstrahl auf bestimmten Kanten von Objekten zu positionieren. Ein automatisches Abscannen der angefahrenen Kanten und Auswerten der Meßergebnisse erlaubt das interaktive Einlernen von Bezugskanten.

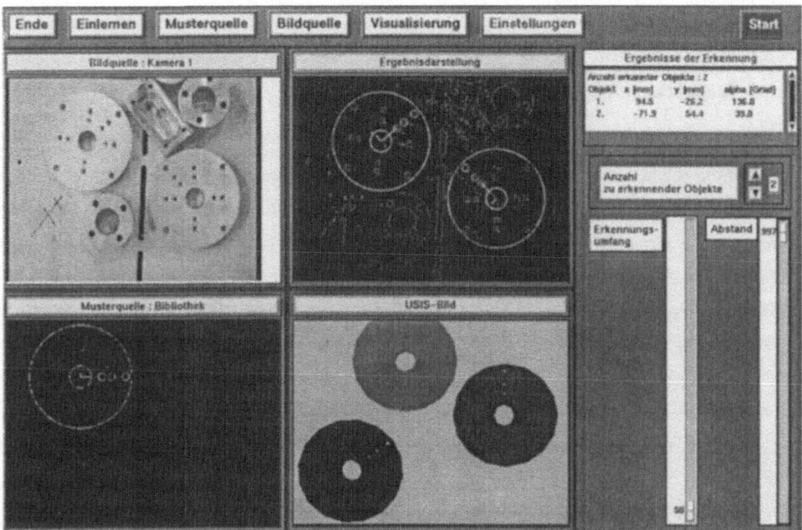

Abb. 59:  *Benutzeroberfläche des integrierten Sensorsystems mit realem Kamerabild, Musterbild aus der Simulation und Meßergebnis*

Abb. 59 zeigt die Benutzeroberfläche des integrierten Sensorsystems nach der Durchführung eines Vermessungauftrages mit Hilfe der Kamera in der Roboterhand. Die Eingangsinformationen für den Erkennungsprozeß werden dabei in den linken beiden Fenstern dargestellt. Oben links ist das reale Kamerabild zu sehen, unten links befindet sich das Musterbild, was in diesem Fall durch das Simulationssystem USIS bereitgestellt wurde. Das dazugehörige simulierte Kamerabild ist rechts unten dargestellt. Rechts oben wird schließlich graphisch angezeigt, an welcher Stelle im kantengefilterten Kamerabild eine Korrespondenz zwischen Erkennungsmuster und gesuchtem Objekt gefunden wurde. Eine numerische Ausgabe der Position des erkannnten Objektes erfolgt im Numerikfeld ganz rechts.

## 4.7.  Beschickung einer Werkzeugmaschine durch den mobilen Roboter

Nachdem in den vorangegangenen Abschnitten das realisierte Sensorsystem dargestellt wurde, soll nun ein Einsatzbeispiel das Zusammenspiel der Sensorkomponenten mit dem mobilen Roboter am Beispiel der Beschickung einer Werkzeugmaschine verdeutlichen.

Vom Fertigungsleitsystem wurde dazu ein entsprechender Auftrag an den Führungsrechner des mobilen Roboters abgesetzt. Der Führungsrechner generiert zur Erfüllung dieses Auftrages Einzelaufträge für die Komponenten des mobilen Roboters. Der erste Einzelauftrag ist ein Fahrauftrag für das FTS, um den Roboter zu der zu beschickenden Werkzeugmaschine zu transportieren. Das FTS gibt nach Erreichen der Zielposition eine Fertigmeldung an den Führungsrechner zurück. Um im folgenden Werkstücke von einer Transportpalette greifen und im Werkstückspeicher der Werkzeugmaschine ablegen zu können, ist der Einsatz des erarbeiteten Sensorsystems erforderlich. Das Laserscannersystem führt dazu vorab eine exakte Positionsbestimmung des mobilen Roboters durch, worauf aufbauend die Kamera in der Roboterhand die Positionsbestimmung von zu greifenden Objekten übernimmt.

### 4.7.1.  Positionsvermessung des mobilen Roboters

Um im Koordinatensystem der Umgebung arbeiten zu können, muß die Position des mobilen Roboters mit einer Genauigkeit von einem Millimeter bezüglich der Umgebung bestimmt werden. Zur Umgebung zählen die Werkstückpalette, die Werkzeugmaschine mit zugehörigem Arbeitsspeicher sowie auch Laststände, auf denen Werkstückpaletten bereitgestellt werden. Die Lage dieser Umgebungsbestandteile zueinander ist von Umbaumaßnahmen abgesehen unveränderlich. Vom Führungsrechner wird nun ein Positionsvermessungsauftrag bezüglich der Umgebung an das Scannersystem gesendet. Im Auftrag ist die aktuelle Arbeitsstation enthalten. Das Scannersystem liest nun aus der Musterbibliothek die zugehörigen Erkennungsmerkmale und deren Sollpositionen ein, die zu einem früheren Zeitpunkt geteacht worden sind. Durch Abscannen der Merkmale (Abb. 60 und Abb. 61) und Durchführen eines Soll-Ist-Vergleichs wird innerhalb einer

Vermessungszeit von 10 Sekunden die tatsächliche Position des mobilen Roboters bezüglich der Umgebung ermittelt. Über den Führungsrechner steht den Komponenten des mobilen Roboters das Ergebnis zur Verfügung.

*Abb. 60:  Abscannen eines Laststandes durch einen der beiden Laserscanner*

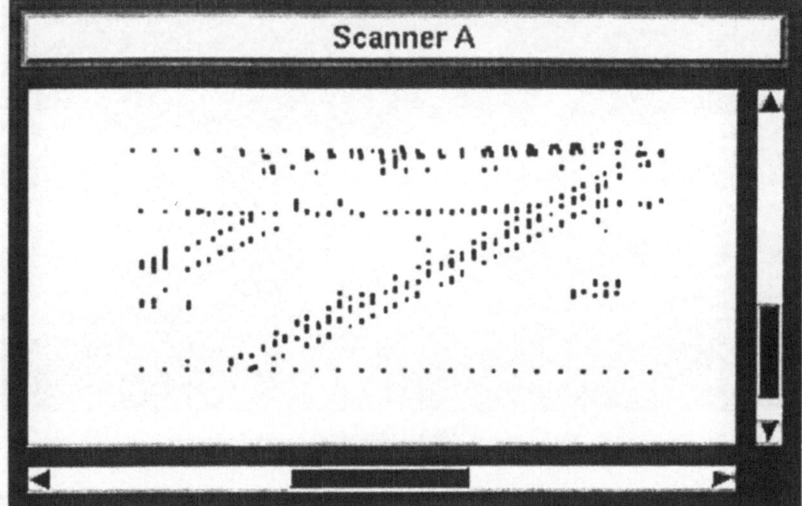


*Abb. 61: Detektierte Punkte beim Abscannen des Laststandes*

### 4.7.2.  Erkennung und Lokalisierung zu greifender Objekte

Die zu handhabenden Werkstücke stehen auf einem flexiblen Palettensystem bereit, dessen exakte Position bezüglich des mobilen Roboters durch die Laserscannervermessung bekannt ist. Die Positionen der Werkstücke sind durch die Paletteneinteilung grob festgelegt, für das exakte Greifen wird jedoch aufgrund der verbleibenden Positionsunsicherheiten bei den Werkstücken die Kamera in der Roboterhand benötigt. Zur Bildaufnahme startet der Führungsrechner das Positionieren des Robotergreifers über der Werkstückpalette sowohl in der Robotersteuerung als auch im Simulationssystem USIS. Daraufhin haben sowohl die reale Kamera in der Roboterhand als auch die entsprechende simulierte Kamera aus USIS das erste zu greifende Objekt im Sichtfeld. Um für die Bildverarbeitung automatisch das passende Erkennungsmuster bereitzustellen, erzeugt das Simulationssystem, initiiert durch einen Sensorsimulationsauftrag, ein simuliertes Kamerabild des zu erkennenden Objekts (Abb. 62).

*Abb. 62: Erzeugung eines Musterbildes durch die Simulation*

Durch die realitätsnahe Modellierung der Kamera in USIS inklusive ihrer Abbildungsgeometrie entsprechen die Größenverhältnisse des simulierten

Objektabbildes der Abbildung in der realen Kamera. Dadurch kann das simulierte Objektabbild nach einer Konvertierung in das sensorsysteminterne Musterdatenformat direkt für den Erkennungsvorgang verwendet werden. Die tatsächliche und die modellierte rotatorische und translatorische Position der zu greifenden Objekte sind jedoch meistens unterschiedlich, da beispielsweise durch den Transport der Werkstückpaletten die Objekte etwas verrutschen können. Um mit Hilfe des Simulationssystems kollisionsfreie Greifvorgänge zu erzeugen, bestimmt die Bildverarbeitung die Position des zu greifenden Objektes und übermittelt sie dem auftraggebenden Führungsrechner. Dort stehen die Positionsdaten dem Simulationssystem zur Verfügung, welches nun einen Auftrag zur Greifplanung erhält. Die Simulation wird anhand der Sensordaten aktualisiert und USIS erzeugt ein Roboterprogramm, welches an die Robotersteuerung übertragen wird. Der Führungsrechner startet das Programm, um das mit der Bildverarbeitung erkannte Objekt durch den Roboter greifen zu lassen. Schließlich wird das Objekt an seinem Bestimmungsort im Werkzeugspeicher der Werkzeugmaschine abgelegt und die Kamera in der Roboterhand über dem nächsten Objekt positioniert, das zu greifen ist.

Das Beispiel hat gezeigt, wie beide Sensorsysteme bei unterschiedlicher Art der Musterbereitstellung einen wesentlichen Beitrag zur Flexibilität beim Einsatz von Industrierobotern leisten können. Die Rückführung der Sensordaten an das Simulationssystem USIS bewirkt dabei neben einer erhöhten Flexibilität auch eine verbesserte Betriebssicherheit, da die Simulation für eine kollisionsfreie Umsetzung der sensorisch erfaßten Zielpunkte in Robterbewegungen garantiert.

# 5. Ergebnisse

In diesem Kapitel wird analysiert, welche der gesteckten Ziele bezüglich Flexibilität und Wirtschaftlichkeit durch die Integration verfügbarer Informationen in das Sensorsystem erreicht wurden.

## 5.1. Flexibilität

Die Flexibilität des Sensorsystems drückt sich in verschiedenen Bereichen aus, die im folgenden eingehend betrachtet werden sollen. Erstens wird die Flexibilität bezüglich der verwendbaren Rechnerhardware untersucht. Zweitens ist die Unabhängigkeit vom Einsatzort innerhalb der Fertigungsumgebung zu bewerten. Weiterhin ist die Flexibilität bezüglich unterschiedlicher Objekte von Interesse und schließlich wird das System auf seine Flexibilität gegenüber unterschiedlichen Betrachtungsperspektiven überprüft.

### 5.1.1. Rechner- und Sensorhardware

Eine hohe Flexibilität bezüglich Hardware setzt ein Zurückgreifen auf Standards voraus, die durch viele Systeme unterstützt werden. Ein hohes Standardisierungsniveau bei gleichzeitig großer Leistungsfähigkeit ist im UNIX-Bereich zu finden. Die Standardisierungen erstrecken sich vom verwendeten Betriebssystem über Graphikschnittstellen bis hin zur Kommunikationshardware. Dies war ursächlich für die Entwicklung des integrierten Sensorsystems auf einer Graphik-Workstation mit einem UNIX Betriebssystem. Als Kommunikationshardware sind ein Ethernet-Anschluß sowie zwei serielle RS-232 Schnittstellen vorhanden.

Die Bereitstellung von Kamerabildern kann über nahezu beliebige Kameras erfolgen, wobei die Abbildungsgeometrie bekannt sein muß. Die eingesetzte Karte zum Einlesen von Kamerabildern synchronisiert sich automatisch sowohl zum amerikanischen NTSC[11]-Videosignal als auch zum in Deutschland entwickelten PAL[12]-Video-Format.

Das Laserscannersystem wird über Ethernet unter der Verwendung von TCP/IP angesprochen. Damit ist es über jede UNIX-Workstation programmierbar.


## 5.1.2.    Software

Als Softwaregrundlage dient die in der Programmiersprache C geschriebene, öffentlich zugängliche, Bildverarbeitungssoftware KHOROS der University of New Mexico. Diese Software ist für alle gängigen UNIX-Workstation verfügbar. Hierauf aufbauend sind die applikationsspezifischen Programme ebenfalls in C entstanden. Die Bedieneroberfläche setzt auf OSF/Motif auf und ist damit ebenfalls im gesamten UNIX-Bereich einsetzbar.


## 5.1.3.    Einsatzort

Eine hohe Flexibilität bezüglich des Einsatzortes ergibt sich zunächst aus der Mobilität der Sensoren, sprich aus ihrer Montage an einem Aktorsystem. Eine weitere Notwendigkeit ist, daß das Sensorsystem unabhängig von Hilfsmitteln bei Erkennungsaufgaben ist. Sowohl die Kamera als auch das Laserscannersystem inclusive der zugehörigen Software wurden daher so ausgelegt, daß sie bei den in der Fertigung anzutreffenden Umgebungsverhältnissen einsetzbar sind. Es werden weder besondere Beleuchtungsvorrichtungen, wie z. B. eine Durchlichtbeleuchtung für die Kamera gebraucht, noch sind für das Laserscannersystem künstliche Landmarken zur Orientierung erforderlich.

---

[11] National Television System Committee

[12] Phase Alternation Line

### 5.1.4. Objekterkennung

Die Flexibilität der Objekterkennung bezieht sich auf Objekte, die in der Fertigungsumgebung vorhanden sind. Die Erkennungssoftware ist anwendbar auf Objekte, deren Erkennungsmerkmale in Form von Kreissegmenten und Geradenstücken beschreibbar sind. Hierunter fällt der überwiegende Teil der in der Fertigungsumgebung zu handhabenden Objekte und eine ausreichende Anzahl von Objekten in der Fertigungsumgebung zur Positionsbestimmung des mobilen Roboters durch das Laserscannersystem. Durch Aufsetzen auf einfache Binärbildinformation bei Musterbildern kommen eine Vielzahl von Datenquellen für Erkennungsmuster in Betracht.

### 5.1.5. Variable Betrachtungsperspektiven

Eine Flexibilität bezüglich unterschiedlicher Betrachtungsperspektiven wurde durch die Ortsflexibilität der Sensoren erforderlich. Die Ortsflexibilität resultiert aus der Anbringung der Sensoren an Aktorsystemen. Unterschiedliche Betrachtungsperspektiven, die sich aus Betrachtungsabstand und -winkel zusammensetzen, werden durch entsprechend generierte Erkennungsmuster und Entzerren perspektivisch verzerrter Sensorbilder berücksichtigt. Die Bereitstellung der Information über die akuelle Betrachtungsperspektive wurde durch Integration des Sensorsystems in die informationstechnische Struktur der Fertigungsumgebung ermöglicht.

## 5.2. Wirtschaftlichkeit

Neben einer Steigerung der Flexibilität wird durch die Integration von Informationen, die in einer Fertigungsumgebung verfügbar sind, auch die Wirtschaftlichkeit der Sensorik verbessert. Ansatzpunkt für eine verbesserte Wirtschaftlichkeit war, daß durch die Nutzung von Vorinformation eine schnelle und zuverlässige Objekterkennung bereits mit geringem Hard- und Softwareaufwand ermöglicht wird.

Ein großer Vorteil beim Einsatz von Standardkomponenten liegt in dem günstigen Preisleistungsverhältnis, verglichen mit speziell für Sensoraufgaben entwickelter Hardware. Gleichzeitig steht für Standardkomponenten ein großes Potential an Software zur Verfügung, deren Entwicklung mit weit größerem Interesse und mehr Manpower vorangetrieben wird als bei Software für Spezialhardware [Lund90]. Eine weite Verbreitung von Software wirkt sich sowohl positiv auf die Kosten als auch auf die Leistungsfähigkeit der Software aus. Außerdem sind auch die eigenen Entwicklungen portabel auf neue Hardwareentwicklungen, da bei Standardkomponenten eine Aufwärtskompatibilität unterstützt wird.

Eine eingehende Wirtschaftlichkeitsbetrachtung von Sensorsystemen erfordert die genaue Kenntnis der Kostenverursacher und des Einsparpotentials. Da Daten über das Einsparpotential in einer Modellfabrik kaum zu ermitteln sind, werden im folgenden die kostenverursachenden Bereiche Hard- und Software betrachtet und für eine Gegenüberstellung der Kosten zu industriellen Sensorsystemen genutzt. Für den Praxiseinsatz bietet [Zuec88] Methoden zur Kostenrechnung beim Einsatz von Sensorsystemen an.

### 5.2.1.    Hard- und Softwarekosten

Als Hardwareplattform für das Sensorsystem dient eine UNIX-Workstation. Die Kosten für eine Workstation der verwendeten Leistungsfähigkeit liegen derzeit bei ca. 10.000,- DM. Damit stehen eine Entwicklungsumgebung mit ausreichender Rechenleistung von 30 MIPS zur Verfügung, ein Farbgraphikbildschirm zur Visualisierung von Meßvorgängen und -ergebnissen und ein netzwerkfähiges System, welches über einen Ethernetanschluß die Integration von Datenquellen erleichtert. Zum Einlesen der Kamerabilder wird eine Einsteckplatine verwendet, die für den Desktop-Publishing-Markt entwickelt wurde. Die Kosten belaufen sich hier auf 2.000,- DM, so daß sich ein Systempreis von 12.000,- DM für die Bildverarbeitung ergibt. Für industrielle Bildverarbeitungssysteme mit vergleichbarer Leistungsfähigkeit, sind Hardwarepreise zwischen 15.000,- und 25.000,- DM zu veranschlagen [Geig93].

Die Kosten für die Sensoren sind im Systempreis in der Regel nicht enthalten, da die Sensoren meist von Drittanbietern stammen. Daher werden die Kosten für die Laserscanner und die Miniaturkamera auch hier getrennt aufgeführt. Die

Ausgaben für die eingesetzte CCD-Kamera in der Roboterhand liegen aufgrund ihrer Miniaturbauweise mit 6.000,- DM ungefähr doppelt so hoch wie die für Standardkameras, standen aber in Konkurrenz zu den Kosten für die Beschaffung eines flexiblen Endoskops (ca. 10.000,- DM). Die Material- und Fertigungskosten für das im Hause entwickelte Laserscannersystem belaufen sich auf ca. 40.000,-. Der hohe Preis des Laserscannersystems zeigt dabei, daß der Einsatz von Spezialhardware nur dann sinnvoll ist, wenn, wie in diesem Fall, keine zufriedenstellenden Alternativen für die gestellte Aufgabe verfügbar sind.

Die Grundlage für die Objekterkennung und Positionsvermessung von Objekten bildet das leistungsfähige und umfangreiche, öffentlich zugängliche Softwarepaket KHOROS. Kosten für angeschaffte Bildverarbeitungssoftware sind damit nicht angefallen, wobei generell die Kosten von Software gegenüber Hardware mit dem gleichen Funktionsumfang geringer sind.

Es zeigt sich damit, daß unter Kostengesichtspunkten der Einsatz von StandardRechnersystemen in Kombination mit ausgereifter Software der Verwendung von dedizierter Hardware vorzuziehen ist. Als Beurteilungskriterium, ob diese Strategie im betrachteten Fall angewendet werden darf, ist zu untersuchen, ob auf dieser Basis das angestrebte Zeitverhalten des Sensorsystems realisiert werden konnte.

## 5.2.2.  Zeitverhalten

Neben den Anschaffungskosten für ein Sensorsystem hat das Zeitverhalten einen entscheidenden Einfluß auf die Wirtschaftlichkeit des Systems. Ziel für das integrierte Sensorsystem waren Erkennungszeiten im Sekundenbereich, damit ein sinnvolles Verhältnis zu den Handhabungszeiten gegeben ist [Pick87, Gari90]. Während bei der Kamera in der Roboterhand die Erkennungszeiten für jedes zu greifende Objekt anfallen, treten Erkennungszeiten beim Scannersystem nur beim Standortwechsel des FTS auf. Dementsprechend gilt das Hauptinteresse den Erkennungszeiten mit der Kamera in der Roboterhand.

Mit ca. 2 Sekunden entsprechen die Erkennungszeiten bei der Kamera in der Roboterhand den in Kapitel 3.1 aufgestellten Anforderungen, wobei die neueste Rechnergeneration bereits die doppelte Rechenleistung des realisierten Systems bereitstellt. Der Hauptteil der Erkennungszeiten entfällt auf die Bildanalyse

(Abb. 63). Das Aufnehmen des Bildes selbst ist innerhalb einer viertel Sekunde abgeschlossen. Berücksichtigt man, daß die Objekterkennung ausschließlich auf Software beruht und eine hohe Flexibilität bezüglich zu erkennender Objekte besitzt, so sind die Erkennungszeiten ausgesprochen kurz.

Schlüssel für eine schnelle, aber trotzdem flexible Objekterkennung war die Nutzung von Vorinformationen aus Aktorsteuerungen, CAD-Systemen oder Simulationssystemen. Gleichzeitig mußte allerdings die Anzahl der Bildpunkte durch verkleinern der auszuwertenden Bilder reduziert werden, um die angestrebten Erkennungszeiten zu realisieren. Die angestrebte Genauigkeit von einem Millimeter konnte dabei aber noch gewährleistet bleiben, solange die Betrachtungsabstände unter 500 mm betrugen.

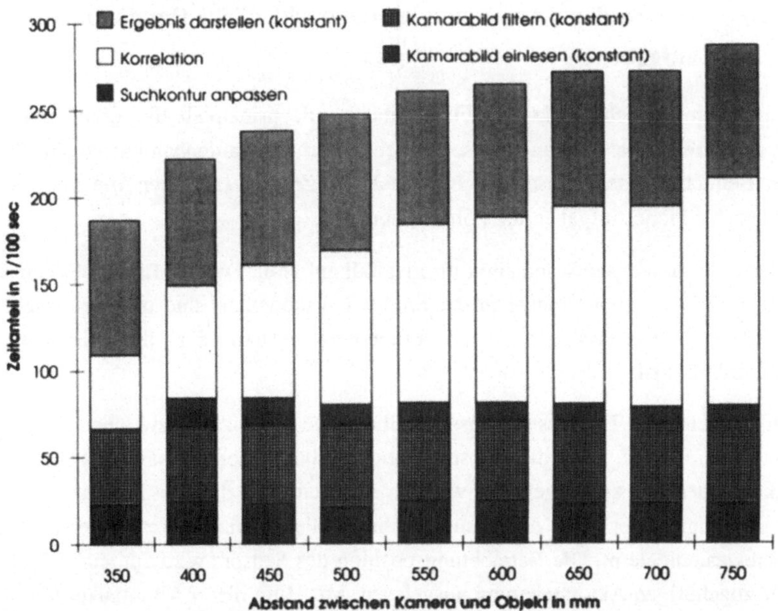


*Abb. 63: Analyse des Zeitbedarfs der einzelnen Funktionen bei der Objekterkennung durch das Kamerasystem*

Die Aufteilung der Erkennungszeiten beim Laserscannersystem verhält sich umgekehrt als bei der Kamera. Hier benötigt der Scannvorgang je Bezugspunkt

4 Sekunden, wogegen die Auswertung der Sensordaten aufgrund einer Vorverarbeitung im Scannersystem und einer einfacheren Erkennungsaufgabe lediglich eine Sekunde an Zeit beansprucht.

Nicht einbezogen in diese Zeitbetrachtungen ist der Aufwand zur Visualisierung der Meßdatenauswertung und der Meßergebnisse. Hier ist ein zusätzlicher Zeitaufwand von ca. einer Sekunde zu veranschlagen, wenn eine Visualisierung zur Fehlersuche oder zu Kontrollzwecken notwendig ist. Um kurze Erkennungszeiten im automatischen Betrieb zu verwirklichen, ist die Visualisierung in diesem Fall über die Systemkonfiguration auszuschalten.

### 5.2.3. Aufwand zur Anpassung an unterschiedliche Handhabungsaufgaben

Unter dem Gesichtspunkt der Flexibilität wurde prinzipiell die *Eignung* des Systems zur Anpassung an unterschiedliche Erkennungsaufgaben untersucht. Bei der Betrachtung der Wirtschaftlichkeit steht der *Zeitaspekt* bei der Anpassung an unterschiedliche Aufgaben im Vordergrund.

Dieser Anpassungsaufwand sinkt im Idealfall auf Null. Das gilt für den Fall, daß alle zu erkennenden Objekte in der Simulation modelliert sind und die Objekterkennung zuverlässig mit den Erkennungsmustern aus der Simulation durchführbar ist.

Im schlechtesten Fall besteht ausschließlich eine Verbindung zwischen Sensor- und Aktorsystem, ohne die selbstverständlich die Sensorergbnisse nicht an die Aktorsteuerung zurückgeführt werden könnten. In diesem Fall wird ein Erkennungsmuster über die Benutzerschnittstelle anhand des zu erkennenden Objektes eingelernt. Die Betrachtungsposition des Sensors wird automatisch aus der zugehörigen Aktorsteuerung ausgelesen. Mit Hilfe dieser Minimalkonfiguration ist das System bereits in der Lage, eingeteachte Objekte aus unterschiedlichen Perspektiven zu erkennen und die entsprechenden Korrekturwerte für einen Handhabungsvorgang bereitzustellen.

## 5.2.4. Zuverlässigkeit

Zur Erreichung einer hohen Zuverlässigkeit wurde bei den Erkennungsalgorithmen darauf geachtet, daß Erkennungsmerkmale für die Objekterkennung weitgehend unabhängig von Beleuchtungsverhältnissen, Betrachtungsperspektive und Hintergrund detektierbar sind. Dies führte zur Auswahl von Kanten als Erkennungsmerkmalen.

In Experimenten konnte für das Kamerasystem gezeigt werden, daß bei guten Kontrasten zwischen zu erkennenden Objekten und Hintergrund eine fehlerhafte Objekterkennung nahezu ausgeschlossen ist. Gute Kontrastverhältnisse bedeutet hier, daß zuverlässig mindestens 75% der Objektkontur aus dem Kamerabild extrahiert werden (Abb. 64). Selbst ein ungleichmäßiger Hintergrund oder zusätzliche Objekte im Bild verlängern lediglich die Rechenzeit, führen aber nicht zu Erkennungsfehlern (Abb. 65).

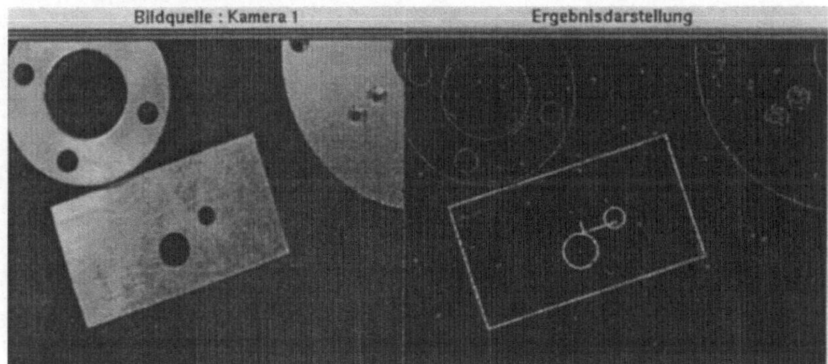


*Abb. 64: Erfolgreiche Objekterkennung bei guten Kontrastverhältnissen*

Werden die Kontrastverhältnisse so sehr verschlechtert, daß die Objektkonturen zu weniger als 75% aus dem Kamerabild extrahiert werden können, und befinden sich gleichzeitig eine Vielzahl störender Konturen im Kamerabild, muß dem System für ein zuverlässiges Arbeiten die richtige Anzahl zu erkennender Objekte vor Erkennungsbeginn bekannt sein. Ansonsten besteht die Gefahr, daß störende Konturen durch Zufall einen Übereinstimmungsprozentsatz von 75% mit der gesuchten Musterkontur aufweisen und damit als gesuchtes Objekt identifiziert werden. Ist dagegen die Anzahl der zu erkennenden Objekte bekannt, wird *die* Stelle im Kamerabild als erkanntes Objekt interpretiert, wo der Übereinstimmungsprozentsatz am höchsten ist (Abb. 66).

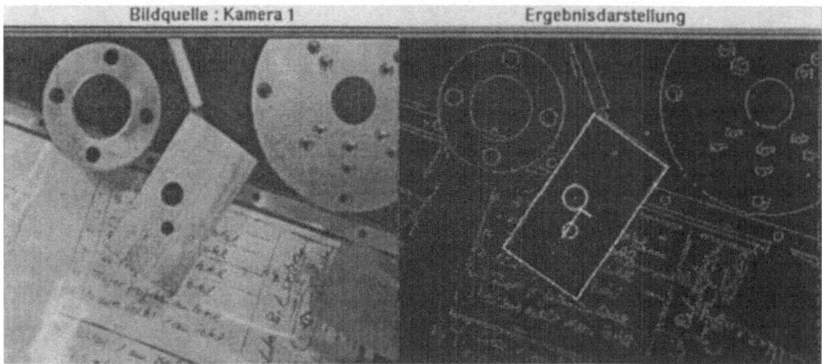


*Abb. 65: Erfolgreiche Objekterkennung bei ungleichmäßigem Hintergrund*

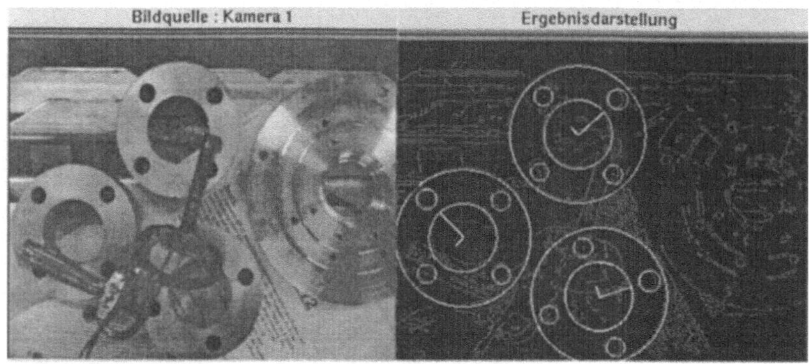


*Abb. 66: Gewährleistung einer erfolgreichen Objekterkennung bei erheblichen Störungen durch Vorgabe der Anzahl zu erkennender Objekte*

Problematisch ist es auch, wenn sich mehrere Objekte im Kamerabild befinden, deren Konturen sich zu einem hohen Prozentsatz (z. B. 85%) gleichen. Um zu vermeiden, daß das falsche Objekt erkannt wird, müssen die Kontrastverhältnisse so gut sein, daß der einstellbare geforderte Übereinstimmungsprozentsatz mit z. B. 90% zuverlässig erreicht wird.

Ein Erkennungsumfang von weniger als 50% akzeptiert das System nicht, da hier bereits wenige störende Objekte auch bei bekannter gesuchter Objektanzahl Fehlerkennungen verursachen konnten.

Von Vorteil für die Zuverlässigkeit der Meßergebnisse beim Laserscannersystem ist, daß durch das Meßprinzip mit Laserlicht die benötigte Beleuchtung vom System selbst erzeugt wird und daher nicht variiert. Andererseits darf dadurch eine maximale Entfernung zum Meßobjekt nicht überschritten werden, da die Menge des in den Scanner reflektierten Lichtes mit dem Quadrat der Entfernung zum Meßobjekt abnimmt. Diese starke Abnahme erfordert einen sehr hohen Dynamikbereich der Meßschaltung, dem jedoch Grenzen durch Rauschen gesetzt sind [Dill91]. Ab Meßentfernungen von ca. 4 m wird die empfangene reflektierte Lichtmenge so gering, daß sie allmählich im Rauschen des Umgebungslichtes untergeht. Für zuverlässige Meßergebnisse muß die Entfernung zum Referenzobjekt daher kleiner als 4 m sein, wobei das Referenzobjekt mindestens 50% der Lichtmenge reflektieren muß, die von einem weißen, diffus reflekierenden Gegenstand (z. B. weißes Papier) reflektiert würde. Außerdem ist direkter Einfall von Sonnenlicht oder ähnlich starken Lichtquellen zu vermeiden, damit die Empfangselektronik der Scanner nicht übersteuert. Das softwaretechnische Erkennungsprinzip des Scannersystems ist dem des Kamerasystems sehr ähnlich, so daß auch hier bei guten Kontrastverhältnissen keine fehlerhaften Erkennungsvorgänge zu beobachten waren.

## 5.3.    Nutzen für die derzeitige Fertigung

Für das integrierte Sensorsystem, welches entsprechend der Anforderungen an Positionsbestimmungsaufgaben in der flexiblen Fertigung konzipiert wurde, konnte die Einsatztauglichkeit anhand des Testbettes "mobiler Roboter" nachgewiesen werden. Damit genügt das Sensorsystem Flexibilitätsanforderungen, die in der heutigen Fertigung noch nicht zum Standard gehören. Durch die allgemeinen Schnittstellen zur Akquisition von Stellungsinformation der Sensoren und von Musterinformation über zu erkennende Objekte ist die hier vorgestellte Konstellation von Simulationssystem, Kamera in Roboterhand, Laserscannersystem, FTS und Roboter nicht zwingend.

Eine schrittweise Integration von Datenquellen für die Erkennungsmuster wurde ermöglicht. Beginnend mit dem Einteachen zu erkennender Objekte mittels einer Benutzerschnittstelle, über das Nutzen von Informationen aus CAD-Systemen bis hin zur Ankopplung an ein Simulationssystem, ist eine zunehmende Integration möglich. Hierdurch ist der Einführungsaufwand von integrierter Sensorik gering, da zunächst als Ergänzung zum Handhabungsgerät ausschließlich das Sensorsystem selbst angeschafft werden muß.

# 6.  Zusammenfassung und Ausblick

Bei der Flexibilisierung von Fertigungsanlagen ermöglichen Sensorsysteme ein situationsabhängiges Reagieren auf nicht vorhersagbare Ereignisse. Beim Einsatz von bildgebenden Sensorsystemen mangelt es jedoch derzeit an Wirtschaftlichkeit und Flexibilität. Ziel dieser Arbeit ist die effiziente und flexible Einsetzbarkeit bildgebender Sensorik für Handhabungsaufgaben im Bereich von Fertigungsanlagen. Grundlegender Gedanke dabei ist die Unterstützung der Sensorik durch Nutzen von Vorwissen über aktuelle Erkennungsaufgaben, welches innerhalb einer Fertigungsumgebung zur Verfügung steht.

Der erste Teil der Arbeit stellt die Entwicklungen und Erkenntnisse im Bereich bildgebender Sensorsysteme vor und zeigt die momentanen Möglichkeiten und Defizite beim Sensoreinsatz auf. Hieraus resultiert, daß die isolierte Betrachtung schneller Bildverarbeitungsalgorithmen oder das Nutzen von CAD-Modellen zur Objekterkennung sowie der Einsatz geeigneter Hardware allein nicht zum angestrebten Ziel eines effizienten und flexiblen Sensoreinsatzes führt.

Daher wurde ein Konzept entwickelt, welches die Belange von Flexibilität und Wirtschaftlichkeit nicht nur bei den Sensoren selbst oder der Objekterkennung berücksichtigt. Zusätzlich wurden die angrenzenden Teilgebiete Datenquellen für Vorinformation, Datenstrukturen zur Bereitstellung von Erkennungsmustern und universelle Kommunikationsmechanismen zum Austausch von Vorinformation analysiert und konzeptionell bearbeitet.

Am Beispiel eines mobilen Roboters zur Beschickung von Werkzeugmaschinen mit Werkstücken wurden zunächst die Anforderungen an die Sensoren erarbeitet. Ein Laserscannersystem und eine Kamera in der Roboterhand, die entsprechend diesen Anforderungen ausgelegt wurden, dienen zur Aufnahme der Umweltinformation. Die effiziente Verarbeitung dieser Umweltinformation durch Konzentration auf wenige, aber weitgehend störungsunempfindliche und aussagekräftige Erkennungsmerkmale ist Thema des Kapitels Erkennungsprozeß. Im darauf folgenden Abschnitt Datenquellen wird analysiert, welche Quellen für Vorinformation dem Sensorsystem zur Verfügung stehen und wie sie genutzt werden können. Abhängig von den verfügbaren Komponenten einer Fertigungsumgebung können CAD-Systeme, 3D-Simulationssysteme,

Aktorsteuerungen und Musterbibliotheken als Informationsquellen für ein Sensorsystem dienen. Ein universelles Konzept zur Einbeziehung aktuell verfügbarer Datenquellen zeigt den Weg zum Nutzen von Vorwissen unabhängig von der Konstellation der konkreten Fertigungsumgebung auf.

Zur Nutzung von Vorinformation aus unterschiedlichen Datenquellen wurden in einem weiteren Schritt geeignete Datenstrukturen zur Repräsentation von Geometriedaten und Erkennungsmustern erarbeitet. Den Abschluß der Konzeption des integrierten flexiblen Sensorsystems bildete die Diskussion geeigneter Übertragungsmechanismen und Kommunikationshardware zur Bereitstellung von Vorinformation aus Datenquellen.

Die Umsetzung der Konzepte in ein integriertes Sensorsystem für den mobilen Roboter des iwb erlaubte die Überprüfung der Einsatztauglichkeit. Anhand eines Auftrages an den mobilen Roboter zur Beschickung einer Werkzeugmaschine mit Werkstücken wird das Zusammenspiel des Sensorsystems mit den Informationsquellen Simulationssystem, Roboter- und FTS-Steuerung vorgestellt. Die konsequente Nutzung verfügbarer Information, insbesondere der aktuellen Sensorpositionen und der sichtbaren Objektkanten, führt zu Erkennungszeiten von wenigen Sekunden bei hoher Erkennungszuverlässigkeit. Durch automatische Bereitstellung von Informationen, der aktuellen Handhabungssituation entsprechend, wird neben kurzen Erkennungszeiten und einer hohen Zuverlässigkeit eine hohe Flexibilität des Sensorsystems bezüglich unterschiedlicher Einsatzorte und zu erkennender Objekte realisiert.

Diese Arbeit schafft eine Grundlage für den effizienten und flexiblen Sensoreinsatz bei Handhabungsaufgaben. Der Einsatz bestehender Standards im Rechnersektor ist dabei maßgeblich für die kostengünstige Realisierung und verspricht eine gute Zukunftsbeständigkeit der bisherigen Entwicklungen.

Für die Zukunft eröffnen die weiterhin steigende Rechenleistung und die Entwicklung von Sensoren zur dreidimensionalen Umwelterfassung neue Perspektiven. Steigende Rechenleistung erlaubt die Übertragung der hier erarbeiteten Konzepte auf Anwendungen in Bereichen mit kürzeren Taktzeiten, als sie bei Beschickungsaufgaben auftreten. Außerdem ermöglicht erhöhte Rechenleistung die Verarbeitung von 3D-Information und die Interpretation unbekannter Bildszenen, was für die Störungsbehandlung von großer Bedeutung ist.

# 7.    Literatur

[Adam87]    Adam W., Lehnert T., Nickolay B.: Verfahren der Bildverarbeitung in der Produktionstechnik, ZwF 82, 1987

[Baur89]    Baur Ch., Beer S.: Bildanalyse mit Hilfe von CAD-Oberflächen-modellen, Robotersysteme 5, S. 105-110, Springer-Verlag, 1989

[Bera90]    Beraldin A. J., Blais F., Rioux M., Domey J.: A Video Rate Laser Range Camera for Electronic Boards Inspection, Vision '90, Conference Proceedings, Nov 12-15, Detroit, Michigan, Kap 4, S. 1-11

[Berg91]    Berg J. O.: Robotergenauigkeit, eine Frage der Programmierung; VDI-Z 133 (1991), Nr. 4, S. 60-63

[Born90]    Born G.:    Referenzhandbuch    Dateiformate;    Addison-Wesley Publishing Company, Bonn, München, 1990

[Chen92]    Chen Q., Luh J.Y.S.: Multi-Sensor Integration in Intelligent Robotics Workstation, Proceedings of the 1992 IEEE Int. Conf. on Robotics and Automation, Nice, France May 12-14, S. 987-992

[Clar90]    Clarc A. F.: Imaging standards - the key to portabel image processing applications, Conf. Proc. of Image Processing 90, Blenheim Online, 9-11 October 1990, London, S. 1-10

[Cogn87]    Cognex 2000 Machine Vision System: Technical Description, Cognex Corporation, Needham, MA 02194, USA, 1987

[Dill91]    Dillmann R., Huck M.: Informationsverarbeitung in der Robotik, Springer-Verlag, Berlin Heidelberg New York, 1991

[Elec84]    Electronic Automation Limited: I-Sight 32; Application notes, England, 1984

[Ersü87]    Ersü E., Hinkelmann A.: Werkstückerkennung mit Konturmodellen, Sensormagazin S. 8-14, Magazin Verlag, Kronberg, Juni 1987

[Färb88]     Färber G.: Schnittstellen in Sensorsystemen, VDI Bericht Nr. 677, VDI Verlag, Düsseldorf 1988

[Fedd92]     Feddema J. T., Lee G., Mitchell O.R.: Model-Based Visual Feedback Control for a Hand-Eye Coordinated Robotic System, Computer, August 92, S. 21-31, IEEE Computer Society, Los Alamitos, CA

[Fröh91]     Fröhlich C., Freyberger F., Karl G., Schmidt G.: Multisensor System for an Autonomous Robot Vehicle, Information Processing in Autonomous Mobile Robots, Proceedings of the International Workshop, 1991, S.61-76

[Gari90]     Garibotto G.: A Real-Time Multiprocessor Vision System, Vision '90 Conference Proceedings, Nov 12-15, 1990 Detroit, Michigan

[Geig93]     Geiger A.: Diskussion industrieller Bildverarbeitungsanwendungen, Fa. Geiger, Bildverarbeitung & Beratung, München 1993

[Glau89]     Glauser Th., Bunke H.: Generierung von Entscheidungsbäumen aus CAD-Modellen für Erkennungsaufgaben, Mustererkennung 1989, Hamburg Okt89, 11. DAGM Symposium, S. 334-340, Springer-Verlag

[Gmür88]     Gmür E., Bunke H.: Ein CAD-basiertes Roboter Sichtsystem, Mustererkennung 1988, Zürich Sept88, 10. DAGM Symposium, S. 240-247, Springer-Verlag

[Gmür90]     Gmür E.: Robuste und effiziente Erkennung von 3D-Objekten mittels Hypergraph-Homomorphismen, Mustererkennung 1990, Oberkochen Aalen Sept. 90, 12. DAGM Symposium, S. 367-371, Springer-Verlag

[Grab92]     Grabowski H., Anderl R., Geiger K., Schmitt M.: Qualitätsprüfung von Werkstücken mit bildverarbeitenden Systemen, VDI-Z 134 (1992), Nr. 10

[Gran91]     Grandjean P., Ghallab M., Dekneuvel E.: Multisensory Scene Interpretation: Modal-based Object Recognition, Proceedings of the 1991 IEEE Int. Conf. on Robotics and Automation, Sacramento, California, April 1991, S.1588-1595

[Hack90]    Hackett J. K., Shah M.: Multi-Sensor Fusion: A Perspective; Proceedings of the 1990 IEEE Int. Conf. on Robotics and Automation, Cincinnati, Ohio, May 13-18, S. 1324-1330

[Hagg90]    Hagg E.: Logische Sensoren und Aktoren, ein Ansatz zur Entwicklung von Multisensoranwendungen für Fertigungsumgebungen, Mustererkennung 1990, Oberkochen Aalen Sept.90, 12. DAGM Symposium, S. 367-371 Springer-Verlag

[Hend87]    Henderson Th. C., Weitz E., Hansen Ch., Grupen R., Ho C. C., Bhanu B.: CAD-Based Robotics, Proc. IEEE Int. Conference on Robotics and Automation, Raleigh, NC, Mar 87

[Herr90]    Herre E., Massen R., Hallmann F.: Symbolic Contour-based Image Processing with Real-time Polygon Extraction Processor, Mustererkennung 1990, Oberkochen Aalen Sept.90, 12. DAGM Symposium, S. 385-395, Springer-Verlag

[Hink88]    Hinkelmann A., Schäfer Th.: Echtzeit-Grauwert-Bildverarbeitungssystem für Werkstückerkennung und Sichtprüfung mit Konturmodellen, ISRA Systemtechnik GmbH, Darmstadt, 1988

[Hirs90]    Hirsch E, Lübbert U.: Vision Based Online Inspection of Manufactued Parts: Comparison of CCD and CAD Images, Computer Integrated Manufacturing. Proc. of Sixth CIM - Europe Annual Conference, 15-17 May 1990, Lisbon, Portugal, Springer-Verlag London, S. 76-90

[Hirz87]    Hirzinger G., Dietrich J., Schott J.: Eine neue Generation von Robotersensoren und ihre Integration in sensorgeführte Robotersysteme; Komtech 87, 4. Europäische Kongreßmesse für Technische Automation, Essen, ONLINE GmbH, 1987, S. 02.5.01-02.5.18

[Hods87]    Hodson N., Precima D.: Engineering vision for PCB; Sensor Review 7, S. 97-100, IFS-Publications Ltd, 1987

[Howa90]    Howah L.: Ein Beitrag zum Aufbau visueller, autonomer Geometriesensoren und zu ihrer Integration in computergestützte

Fertigungssysteme, Dissertation, Lehrstuhl für Produktionssysteme, Ruhr Universität Bochum, 1990

[ISO86]     N. N.: The Ottawa Report on Reference Models for Manufacturing Standards; Version 1.1, ISO TC 184/SC5/WG1, Document N51, 1986

[Jang91]    Jang W., Bien Z.: Feature-based Visual Servoing for an Eye-in-Hand Robot with Improved Tracking Performance, Proceedings of the 1991 IEEE Int. Conf. on Robotics and Automation, Sacramento, California, April 1991, S. 1832-1837

[Kars90]    Karstedt K: Positionsbestimmung von Objekten in der Montage- und Fertigungsautomatisierung, iwb Forschungsberichte Band 22, Springer-Verlag, Berlin Heidelberg New York, 1990

[Ker90]     Ker J. I., Kengskool K.: An Efficient Method for Inspection Machined Parts by a Fixtureless Machine Vision System, Vision '90 Conference Proceedings, Nov 12-15, 1990 Detroit, Michigan, Kap2 S.45-51

[Khor91]    Rasure J., Argiro D.: The Khoros System; The Khoros Group, Department of Electrical and Computer Engineering, University of New Mexico. Albuquerque, NM 87131, 1991

[Knie91]    Knieriemen T.: Autonome mobile Roboter - Sensordateninterpretation und Weltmodellierung zur Navigation in unbekannter Umgebung, Reihe Informatik Band 80, BI Wissenschaftsverlag Mannheim Wien Zürich, 1991

[Komp88]    Kompa G.: Sensoren in MHI-Bereich - Entwicklungsstand und Trends, VDI-Z 130 (1988), Nr. 2, S. 42 - 54

[Koy92]     Koy-Oberthür, R.: The Robot Vision System VIRO for Flexible Part Recognition and Loading of Processing Machines with high Precision, Proceedings of the 1992 IEEE Int. Conf. on Robotics and Automation, Nice, France, May 12-14, S.2802-2804

[Krot88]    Kroth E., Maschinenfabrik Reis GmbH, Obernburg: Bildverarbeitungssysteme und Industrieroboter,

[Kuno90]    Kuno Y., Okamoto Y., Okada S.: Objekt Recognition Using a
Feature Search Strategy, Proceedings: Third Int. Conference on
Computer Vision, Dec 4-7, 1990, Osaka Japan, S.626-635

[KWU85]    Kraftwerksunion    Mühlheim/Ruhr:    Manipulationssystem    zur
Bewegungssteuerung,    Versorgung    und    Signalabfrage    eines
Spezialendoskops,    insbesondere    zur    optischen    Rißprüfung,
Europäische Patentanmeldung Nr. 0157304-A2, 1985

[Lans91]    Lanser S., Eckstein W.: Eine Modifikation des Deriche-Verfahrens
zur Kantendetektion, Mustererkennung 1991, München 9.-11. Okt.
1991, S. 154-158, Springer-Verlag

[Levi87a]    Levi P.: Sensoren für Roboter; Robotersysteme 3 (1987), S. 1 - 15

[Levi87b]    Levi P., Majumdar J.: Verwendung von dreidimensionalen CAD-
Modellen für den Handkameraeinsatz bei zweiarmigen Montage-
robotern, Mustererkennung 1987, Braunschweig Sept/Okt87, 9.
DAGM Symposium, S. 191-195, Springer-Verlag

[Levi91]    Levi P., Munkelt O., Radig B., Sattler R.: An Application of Image
Processing and Image Interpretation in Manufacturing Environ-
ments, Information Processing in Autonomous Mobile Robots,
Proceedings of the International Workshop, Springer-Verlag, 1991,
S. 35-44

[Lies90]    Ließ H. -D.: Miniaturisierung in der Sensortechnik; Sensor
Magazin 3/90, S. 10 - 12

[Lübb92]    Lübbert U.: Automatisches Vermessen von Werkstücken in der
Fertigung mit bildgebenden Sensoren; FhG IITB Mitteilungen,
1992, S.41-48

[Lund90]    Lundberg R.: Imaging, graphics, and computing on the same
platform, - vision or reality?, Conf. Proc. of Image Processing 90,
Blenheim Online, 9-11 October 1990, London, S. 11-24

[Luo88]     Luo R.C.: Intelligent Hybrid Force/Position Servo-Controlled Gripper with Eye-In-Hand Vision System, Robots 12 and Vision '88, Conference Proceedings June 6-9 1988, Detroit, Michigan Kap 10, S. 31-44

[Manu85]    Manutec: Beschreibung des Handhabungssystems, Gelenkroboter r3; Abschnitt 1.3 Technische Daten, Manutec GmbH, Fürth, März 1985

[Malz88]    Malz R.: Einsatz schneller Beleuchtungsoperationen für robuste Merkmalsextraktion und Segmentierung in der industriellen Objekterkennung und Qualitätsprüfung, Mustererkennung 1988, Zürich, Sept 88, S. 270-277, Springer-Verlag

[Mert85]    Mertins, K.: Steuerung rechnergeführter Fertigungssysteme, Carl-Hanser-Verlag, München Wien, 1985, S. 17-19

[Milb92]    Milberg J.: CIM-Fachmann: Von CAD/CAM zu CIM, Springer-Verlag, Verlag TÜV Rheinland, 1992

[MiWe92]    Milberg J., Welling A.: Sensorsystem: Mobile Roboter genau positionieren, Industrie-Anzeiger, 114 (1992), S. 58-62

[Moll88]    Mollath G., Schneider B.: Bildverarbeitungssystem zur Erkennung sich berührender und überlappender Werkstücke, Tagungsband Ident/Vision '88, S. 59-63

[Nabe90]    Naber H.: Aufbau und Einsatz eines mobilen Roboters mit unabhängiger Lokomotions- und Manipulationskomponente, iwb Forschungsberichte Band 36, Springer-Verlag, Berlin Heidelberg New York, 1990

[Nage88]    Nagel H.-H.: Stand der Technik industrieller Bildauswertungssysteme, Tagungsband Ident/Vision '88, Sindelfingen, S. 15-22

[NN92a]     N.N.: Bildverarbeitungssysteme im Aufwind; Roboter, Mai 1992, MI-Verlag, S. 26-29

[NN92b]    N.N.: Preisdruck durch offene Systeme (Bildverarbeitung erlebt Wachstumsphase), Wochenzeitung Produktion, Nr. 20 S. 4, MI-Verlag, 1992

[OhAs88]    Oh W.G., Asada M., Tsuji S.: Model-Based Matching using skewed Symmetry Information, Proceedings of 9th int Conf. on Pattern Recogn. '88, Rome, Italy, S. 1043-1045

[OSF90]    Open Software Foundation: OSF/Motif User´s Guide; Prentice Hall, 1990

[Pamp91]    Pampagnin L. H., Devy M.: 3D Objekt Identifikation Based on Matching Between a Single Image and a Model, Proceedings of the 1991 IEEE Int. Conf. on Robotics and Automation, Sacramento, California, April 1991, S. 1580-1587

[Pick87]    Pickenhan J.: Der Weg zur industriellen Bildverarbeitung; elektronik praxis 10, Okt. 1987, Vogel-Verlag

[Pick91]    Pickenhan J.: Prozeßkontrolle mit Bildverarbeitung; elektronik praxis 22, Nov. 1991, Vogel-Verlag

[Ples88]    Pleschak, F: Flexible Automatisierung, Verlag Industrielle Organisation Zürich, 1988

[Rall92]    Rall K., Wollnack J.: Industrielle Bildverarbeitung in automatisierten Produktionsabläufen; Roboter, Mai 1992, MI-Verlag

[Reit87]    Reithofer, N.: Nutzungssicherung von flexibel automatisierten Produktionsanlagen, iwb Forschungsberichte Band 10, Springer-Verlag, Berlin Heidelberg New York, 1987

[Riss91]    Risse T.: Line Identification by Hough Transform with Image Subdivision, Mustererkennung 1991, München 9-11.Okt.91, S. 188-192 Springer-Verlag

[Rogo88]    Rogos J. : Intelligente Sensorsysteme und Sensorschnittstellen, ZwF 83 (1988) 4, S. 186 - 190

[Rumm88]     Rummel P., Simon J.: Bildverarbeitende, optoelektronische Sensoren für die flexible Montage, Elektrotechnik und Informationstechnik 105 (1988) 4, S. 169 - 175

[Schl93]     Schlosser J.: FDDI-Markt; IX-Magazin, April 1993, Heise-Verlag, Hannover, S. 116 - 128

[Scho91]     Scholz-Reiter B.: CIM-Schnittstellen: Konzepte, Standards und Probleme der Verknüpfung von Systemkomponenten in der rechnerintegrierten Produktion, Oldenbourg Verlag München Wien, 1991

[Schr88]     Schraft R.D.: Industrieroboter und optoelektrische Sensoren - ein Überblick; Tagungsband Ident/Vision '88, S. 47-49

[Schr92]     Schrott A.: Feature Based Camera Guided Grasping by an Eye-in-Hand Robot, Proceedings of the 1992 IEEE Int. Conf. on Robotics and Automation, Nice, France May 12-14, S. 1832-1837

[Siem87]     Siemens-Forschung: Grau in Grau ist besser als Schwarz-Weiß; Opto Elektronik Magazin Vol. 3 No. 4, S. 368, 1997

[Stei92]     Stein N.: Industrielle Bildverarbeitung 1992, Mustererkennung 1992, Dresden 14.-16. Sept. 1992, S. 105-116, Springer-Verlag

[Sing90]     Singh G. B., Grosky W. I.: Efficient Recognition of Partially Visible Objects Using Hierarchical Features, Vision '90, Conference Proceedings, Nov 12-15, Detroit, Michigan, Kap2 S. 83-96

[Shar90]     Shariat H.: A Model-Based Technique for Recognizing Object Images, Vision '90, Conference Proceedings, Nov 12-15, Detroit, Michigan, Kap12 S. 25-38

[Sheu90]     Sheu D. D.: 3-D Objekt Recognition Using Generalized Features; Vision '90, Conference Proceedings, November 12-15, 1990 Detroit Michigan, Kap 15, S. 15-38

[Shir84]     Shirai Y., Koshikawa K., Oshima M., Ikeuchi K.: An Approach to Objekt Recognition Using 3-D Solid Models; Robotics Research,

First Int. Symposium, S. 465-474, MIT Press, Mass., Cambridge, 1984

[Shir87]    Shirai Y.: Three Dimensional Computer Vision; Springer-Verlag 1987

[Seli92]    Seliger G., Heinemeier H.-J., Neu S.: Montageprogramme mit Datenbank- und Sensorunterstützung; ZwF 87 (1992) 2, Carl Hanser Verlag, München 1992, S. 104-107

[SFB91]    Milberg J.: Überwachung des Manipulationsprozesses an autonomen, mobilen Handhabungssystemen durch Sensorik, Arbeits und Ergebnisberichte des Sonderforschungsbereiches 331, Informationsverarbeitung in autonomen, mobilen Systemen, S. 217-239, München, 1991

[Spur86]    Spur G., Stöferle Th.: Fügen, Handhaben und Montieren; Handbuch der Fertigungstechnik, Band 5, Carl-Hanser-Verlag München Wien 1986

[Stett93]    Stetter R.: Rechnergestützte Simulationswerkzeuge zur Effizienzsteigerung des Industrierobotereinsatzes, iwb Forschungsberichte Band 62, Springer-Verlag, Berlin Heidelberg New York, 1993

[Tsub88]    Tsubouchi T., Yuta Sh.: Matching between an Abstracted Real Image and a Generated Image from Environment Map -For the Map Assisted Mobile Robot´s Vision System-, Proc. on the Int. Symposium and Exposition on Robots (19th ISIR), S. 338-346, 1988

[Tucz90]    Tuczek H.: Inspektion von Karosseriepreßteilen auf Risse und Einschnürungen mittels Methoden der Bildverarbeitung, iwb Forschungsberichte Band 33, Springer-Verlag, Berlin Heidelberg New York, 1990

[Voss92]    Voss K.: Kontursegmentierung durch Anpassung graphischer Elemente, Mustererkennung 1992, Dresden 14.-16. Sept. 1992, S. 274-281 Springer-Verlag

[Wahl87]    Wahl F.M.: Analyse von Houghräumen zur Interpretation von Polyederszenen, Mustererkennung 1987, Braunschweig Sept/Okt87, 9. DAGM Symposium, Seiten 200-206, Springer-Verlag

[WaLi88]    Warnecke H.-J., Lindner H., Gläss W.: Integriertes sensorgestütztes Robotersystem, Robotersysteme (1988) 4 , S. 1-8

[Wang91]    Wang Y., Jacobsen K.: the Structure of Industrial Workpieces, Mustererkennung 1991, München, 9.-11. Okt. 1991, S. 344-348 Springer-Verlag

[Warn90]    Warnecke H.-J., Schraft R.D.: Industrieroboter - Handbuch für Industrie und Wissenschaft, Springer-Verlag, Berlin Heidelberg New York 1990

[Well91]    Welling A.: Sensorkomponenten für Handhabungsprozesse von mobilen Robotern, 7. Fachgespräch Autonome Mobile Systeme, Karlsruhe, Dezember 1991, S. 13-26

[Wend92]    Wendt A.: Qualitätssicherung in flexibel automatisierten Montagesystemen, iwb Forschungsberichte Band 57, Springer-Verlag, Berlin Heidelberg New York, 1992

[Wild87]    Wildemann H., Bühner R.: Investitionsplanung und Wirtschaflichkeitsrechnung für flexible Fertigungssysteme, Strategische Investitionsplanung für neue Technologien, Band 3, Schäffer-Verlag, Stuttgart, 1987

# iwb Forschungsberichte

Berichte aus dem Institut für Werkzeugmaschinen und Betriebswissenschaften der Technischen Universität München

Herausgeber: Prof. Dr.-Ing. J. Milberg

---


1 **Streifinger, E.**
Beitrag zur Sicherung der Zuverlässigkeit und Verfügbarkeit
moderner Fertigungsmittel
1986. 72 Abb. 167 Seiten, ISBN 3-540-16391-3        68,- DM

2 **Fuchsberger, A.**
Untersuchung der spanenden Bearbeitung von Knochen
1986. 90 Abb. 175 Seiten, ISBN 3-540-16392-1        68,- DM

3 **Maier, C.**
Montageautomatisierung am Beispiel des Schraubens mit
Industrierobotern
1986. 77 Abb. 144 Seiten, ISBN 3-540-16393-X        68,- DM

4 **Summer, H.**
Modell zur Berechnung verzweigter Antriebsstrukturen
1986. 74 Abb. 197 Seiten, ISBN 3-540-16394-8        68,- DM

5 **Simon, W.**
Elektrische Vorschubantriebe an NC-Systemen
1986. 141 Abb. 198 Seiten, ISBN 3-540-16693-9        68,- DM

6 **Büchs, S.**
Analytische Untersuchungen zur Technologie der Kugelbearbeitung
1986. 74 Abb. 173 Seiten, ISBN 3-540-16694-7        68,- DM

7 **Hunzinger, I.**
Schneiderodierte Oberflächen
1986. 79 Abb. 162 Seiten, ISBN 3-540-16695-5        68,- DM

8 **Pilland, U.**
Echtzeit-Kollisionsschutz an NC-Drehmaschinen
1986. 54 Abb. 127 Seiten, ISBN 3-540-17274-2        68,- DM

9 **Barthelmeß, P.**
Montagegerechtes Konstruieren durch die Integration
von Produkt- und Montageprozeßgestaltung
1987. 70 Abb. 144 Seiten, ISBN 3-540-18120-2        68,- DM

10 **Reithofer, N.**
Nutzungssicherung von flexibel automatisierten Produktionsanlagen
1987. 84 Abb. 176 Seiten, ISBN 3-540-18440-6        68,- DM

11 **Diess, H.**
Rechnerunterstützte Entwicklung flexibel automatisierter
Montageprozesse
1988. 56 Abb. 144 Seiten, ISBN 3-540-18799-5        73,- DM

12 **Reinhart, G.**
Flexible Automatisierung der Konstruktion
und Fertigung elektrischer Leitungssätze
1988, 112 Abb. 197 Seiten, ISBN 3-540-19003-1                    73,- DM

13 **Bürstner, H.**
Investitionsentscheidung in der rechnerintegrierten Produktion
1988, 77Abb. 190 Seiten, ISBN 3-540-19099-6                      73,- DM

14 **Groha, A.**
Universelles  Zellenrechnerkonzept für flexible Fertigungssysteme
1988, 74 Abb. 153 Seiten, ISBN 3-540-19182-8                     73,- DM

15 **Riese, K.**
Klipsmontage mit Industrierobotern
1988, 92 Abb. 150 Seiten, ISBN 3-540-19183-6                     73,- DM

16 **Lutz, P.**
Leitsysteme für rechnerintegrierte Auftragsabwicklung
1988, 44 Abb. 144 Seiten, ISBN 3-540-19260-3                     73,- DM

17 **Klippel, C.**
Mobiler Roboter im Materialfluß eines flexiblen Fertigungssystems
1988, 86 Abb. 164 Seiten, ISBN 3-540-50468-0                     73,- DM

18 **Rascher, R.**
Experimentelle Untersuchungen  zur  Technologie der Kugelherstellung
1989, 110 Abb. 200 Seiten, ISBN 3-540-51301-9                    73,- DM

19 **Heusler, H.-J.**
Rechnerunterstützte Planung flexibler Montagesysteme
1989, 43 Abb. 154 Seiten, ISBN 3-540-51723-5                     73,- DM

20 **Kirchknopf, P.**
Ermittlung modaler Parameter aus Übertragungsfrequenzgängen
1989, 57 Abb. 157 Seiten, ISBN 3-540-51724                       73,- DM

21 **Sauerer, Ch.**
Beitrag für ein Zerspanprozeßmodell Metallbandsägen
1990, 89 Abb. 166 Seiten, ISBN 3-540-51868-1                     78,- DM

22 **Karstedt, K.**
Positionsbestimmung  von Objekten in der Montage-
und Fertigungsautomatisierung
1990, 92 Abb. 157 Seiten, ISBN 3-540-51879-7                     78,- DM

23 **Peiker, St.**
Entwicklung eines integrierten NC-Planungssystems
1990, 66 Abb. 180 Seiten, ISBN 3-540-51880-0                     78,- DM

24 **Schugmann, R.**
Nachgiebige Werkzeugaufhängungen für die automatische Montage
1990. 71 Abb. 155 Seiren, ISBN 3-540-52138-0                     78,- DM

25  **Wrba, P**
Simulation als Werkzeug in der Handhabungstechnik
1990, 125 Abb., 178 Seiten, ISBN 3-540-52231-X                    78,- DM

26  **Eibelshäuser, P.**
Rechnerunterstützte  experimentelle Modalanalyse
mitells gestufter Sinusanregung
1990, 79 Abb., 156 Seiten, ISBN 3-540-52451-7                     78,- DM

27  **Prasch, J.**
Computerunterstützte Planung von chirurgischen Eingriffen
in der Orthopädie
1990, 113 Abb., 164 Seiten, ISBN 3-540-52543-2                    78,- DM

28  **Teich, K.**
Prozeßkommunikation und Rechnerverbund in der Produktion
1990, 52 Abb., 158 Seiten, ISBN 3-540-52764-8                     78,- DM

29  **Pfrang, W.**
Rechnergestützte und graphische Planung manueller
und teilautomatisierter Arbeitsplätze
1990, 59 Abb., 153 Seiten, ISBN 3-540-52829-6                     78,- DM

30  **Tauber, A.**
Modellbildung kinematischer Stukturen
als Komponente der Montageplanung
1990, 93 Abb., 190 Seiten, ISBN 3-540-52911-X                     78,- DM

31  **Jäger, A.**
Systematische Planung komplexer Produktionssysteme
1991, 75 Abb., 148 Seiten, ISBN 3-540-53021-5                     78,- DM

32  **Hartberger, H.**
Wissensbasierte Simulation komplexer Produktionssysteme
1991, 58 Abb., 154 Seiten, ISBN 3-540-53326-5                     78,- DM

33  **Tuczek H.**
Inspektion von Karosseriepreßteilen auf Risse und Einschnürungen
mittels Methoden der Bildverarbeitung
1992, 125 Abb., 179 Seiten, ISBN 3-540-53965-4                    88,- DM

34  **Fischbacher, J.**
Planungsstrategien zur strömungstechnischen Optimierung
von Reinraum-Fertigungsgeräten
1991, 60 Abb., 166 Seiten, ISBN 3-540-54027-X                     78,- DM

35  **Moser, O.**
3D-Echtzeitkollisionsschutz für Drehmaschinen
1991, 66 Abb., 177 Seiten, ISBN 3-540-54076-8                     78,- DM

36  **Naber, H.**
Aufbau und Einsatz eines mobilen Roboters mit
unabhängiger Lokomotions- und Manipulationskomponente
1991, 85 Abb., 139 Seiten, ISBN 3-540-54216-7                     78,- DM

37  **Kupec, Th.**
Wissensbasiertes Leitsystem zur Steuerung flexibler Fertigungsanlagen
1991, 68 Abb., 150 Seiten, ISBN 3-540-54260-4                     78,- DM

**38 Maulhardt, U.**
Dynamisches Verhalten von Kreissägen
1991, 109 Abb., 159 Seiten, ISBN 3-540-54365-1   78,– DM

**39 Götz, R.**
Stukturierte Planung flexibel automatisierter Montagesysteme
für flächige Bauteile
1991, 86 Abb., 201 Seiten, ISBN 3-540-54401-1   78,– DM

**40 Koepfer, Th.**
3D- grafisch-interaktive Arbeitsplanung – ein Ansatz
zur Aufhebung der Arbeitsteilung
1991, 74 Abb., 126 Seiten, ISBN 3-540-54436-4   78,– DM

**41 Schmidt, M.**
Konzeption und Einsatzplanung flexibel automatisierter
Montagesysteme
1992, 108 Abb., 168 Seiten, ISBN 3-540-55025-9   88,– DM

**42 Burger, C.**
Produktionsregelung mit entscheidungsunterstützenden
Informationssystemen
1992, 94 Abb., 186 Seiten, ISBN 5-540- 55187-5   88,– DM

**43 Hoßmann, J.**
Methodik zur Planung der automatischen Montage von nicht
formstabilen Bauteilen
1992, 73 Abb., 168 Seiten, ISBN 3-540-5520-0   88,– DM

**44 Petry, M.**
Systematik zur Entwicklung eines modularen Programm-
baukastens für robotergeführte Klebeprozesse
1992, 106 Abb., 139 Seiten ISBN 3-540-55374-6   88,– DM

**45 Schönecker, W.**
Integrierte Diagnose in Produktionszellen
1992, 87 Abb., 159 Seiten, ISBN 3-540-55375-4   88,– DM

**46 Bick, W.**
Systematische Planung hybrider Montagesyste unter
Berücksichtigung der Ermittlung des optimalen Automatisierungsgrades
1992, 70 Abb., 156 Seiten  ISBN 3-540-55377-0   88,– DM

**47 Gebauer, L.**
Prozeßuntersuchungen zur automatisierten Montage
von optischen Linsen
1992, 84 Abb., 150 Seiten, ISBN 3-540- 55378-9   88,– DM

**48 Schrüfer, N.**
Erstellung eines 3D-Simulationssystems zur Reduzierung
von Rüstzeiten bei der NC-Bearbeitung
1992, 103 Abb., 161 Seiten, ISBN 3-540-55431-9   88,– DM

**49 Wisbacher, J.**
Methoden zur rationellen Automatisierung der Montage
von Schnellbefestigungselementen
1992, 77 Abb., 176 Seiten, ISBN 3-540-55512-9   88,– DM

**50 Garnich. F.**
Laserbearbeitung mit Robotern
1992, 110 Abb., 184 Seiten, ISBN 3-540- 55513-7   88,– DM

**51  Eubert, P.**
Digitale Zustandsregelung elektrischer Vorschubantriebe
1992, 89 Abb., 159 Seiten, ISBN 3-540-44441-2                      88,- DM

**52  Glaas, W.**
Rechnerintegrierte Kabelsatzfertigung
1992, 67 Abb., 140 Seiten, ISBN 3-540-55749-0                      88,- DM

**53  Helml, H.J.**
Ein Verfahren zur on-line Fehlererkennung und Diagnose
1992, 60 Abb., 153 Seiten, ISBN 3-540-55750-4                      88,- DM

**54  Lang, Ch.**
Wissensbasierte Unterstützung der Verfügbarkeitsplanung
1992, 75 Abb., 150 Seiten, ISBN 3-540-55751-2                      88,- DM

**55  Schuster, G.**
Rechnergestütztes Planungssystem für die flexibel
automatisierte Montage
1992, 67 Abb., 135 Seiten, ISBN 3-540-55830-6                      88,- DM

**56  Bomm, H.**
Ein Ziel- und Kennzahlensystem zum Investitionscontrolling
komplexer Produktionssysteme
1992, 87 Abb., 195 Seiten, ISBN 3-540-55964-7                      88,- DM

**57  Wendt, A.**
Qualitätssicherung in flexibel automatisierten Montagesystemen
1992, 74 Abb., 179 Seiten, ISBN 3-540-56044-0                      88,- DM

**58  Hansmaier, H.**
Rechnergestütztes Verfahren zur Geräuschminderung
1993, 67 Abb., 156 Seiten, ISBN 3-540-56043-2                      88,- DM

**59  Dilling, U.**
Planung von Fertigungssystemen unterstützt
durch Wirtschaftlichkeitssimulation
1993, 72 Abb., 146 Seiten, ISBN 3-540-56307-5                      88,- DM

**60  Strohmayr, R.**
Rechnergestützte Auswahl und Konfiguration
von Zubringeeinrichtungen
1993, 80 Abb., 152 Seiten, ISBN 3-540-56652-X                      88,- DM

**61  Glas, J.**
Standardisierter Aufbau anwendungsspezifischer
Zellenrechnersoftware
1993, 80 Abb., 145 Seiten, ISBN 3-540-56890-5                      88,- DM

**62  Stetter, R.**
Rechnergestützte Simulationswerkzeuge zur
Effizienzsteigerung des Industrierobotereinsatzes
1994, 91 Abb., 146 Seiten, ISBN 3-540-568891                       88,- DM

**63  Dirndorfer, A.**
Robotersysteme zur förderbandsynchronen Montage
1993, 76 Abb, 144 Seiten, ISBN 3-540-57031-4                       88,- DM

**64  Wiedemann, M.**
Simulation des Schwingungsverhaltens spanender Werkzeugmaschinen
1993, 81 Abb., 137 Seiten, ISBN 3-540-57177-9                      88,- DM

**65 Woenckhaus, Ch.**
Rechnergestütztes System zur automatisierten 3D-Layoutoptimierung
1994, 81 Abb., 140 Seiten,ISBN 3540-57284-8                    88,- DM

**66 Kummetsteiner, G.**
3D-Bewegungssimulation als integratives Hilfsmittel zur Planung
manueller Montagesysteme
1994, 62 Abb.; 146 Seiten, ISBN 3-540-57535-9                    88,- DM

**67 Kugelmann, F.**
Einsatz nachgiebiger Elemente zur wirtschaftlichen Automatisierung
von Produktionssystemen
1993, 76 Abb., 144 Seiten, ISBN 3-540-57549-9                    88,- DM

**68 Schwarz, H.**
Simulationsgestützte CAD/CAM-Kopplung für die 3D-Laserbearbeitung
mit integrierter Sensorik
1994, 96 Abb., 148 Seiten, ISBN 3-540-57577-4                    88,- DM

**69 Viethen, U.**
Systematik zum Prüfen in Flexiblen Fertigungssytemen
1994, 70 Abb., 142 Seiten, ISBN 3-540-57794-7                    88,- DM

**70 Seehuber, M.**
Automatische Inbetriebnahme geschwindigkeitsadaptiver Zustandsregler
1994, 72 Abb., 155 Seiten, ISBN 3-540-57896-X                    88,- DM

**71 Amann, W.**
Eine Simulationsumgebung für Planung und Betrieb
von Produktionssystemen
1994, 71 Abb., 129 Seiten, ISBN 3-540-57924-9                    88,- DM


---


Die Bände sind im Erscheinungsjahr und in den Folgenden drei Kalenderjahren
zu beziehen durch den örtlichen Buchhandel
oder durch Lange & Springer, Otte-Suhr-Allee 26-28, 10585 Berlin